KOGELVRIJE VEREN

Geavanceerde technologie geïnspireerd door de geheimen van de natuur

ROBERT ALLEN

Librero

Oorspronkelijke titel: *Bulletproof Feathers*

© 2011 Librero b.v. (Nederlandstalige editie),
Postbus 72, 5330 AB Kerkdriel
WWW.LIBRERO.NL

© 2010 The Ivy Press Limited
Oorspronkelijke uitgever: Jason Hook
Creatieve leiding: Peter Bridgewater
Redactionele leiding: Caroline Earle
Artdirector: Michael Whitehead
Lay-out: Simon Goggin, Ginny Zeal
Illustraties: Richard Palmer
Coördinatie: Anna Stevens
Woordenlijst: Andrew Kirk
Register: Caroline Eley
Fotomanager: Katie Greenwood

Productie Nederlandstalige editie:
Vitataal tekst & redactie, Feerwerd
Vertaling: Hans Keizer/Vitataal
Opmaak: Elixyz Desk Top Publishing, Groningen

Printed in China

ISBN: 978-90-8998-121-9

Alle rechten voorbehouden. Niets uit deze uitgave mag worden verveelvoudigd, opgeslagen in een geautomatiseerd gegevensbestand of openbaar gemaakt, in enige vorm of op enige wijze, hetzij elektronisch, mechanisch, door fotokopieën, opnamen of op enige andere manier, zonder voorafgaande schriftelijke toestemming van de uitgever.

We hebben de grootst mogelijke moeite gedaan te bewerkstelligen dat de informatie in dit boek volledig en juist is. Mochten wij, ondanks onze grote zorgvuldigheid, onopzettelijk een copyrighthouder zijn vergeten te vermelden, dan zullen wij deze omissie, wanneer de uitgever daarvan in kennis wordt gesteld, in de volgende uitgave rechtzetten.

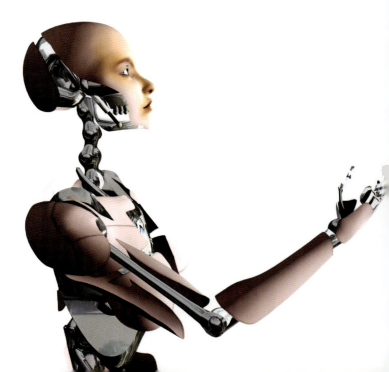

INHOUD

Inleiding 6
Robert Allen

HOOFDSTUK 1
Mariene biologie 22
Jeannette Yen

HOOFDSTUK 2
Mensachtige robots 44
Yoseph Bar-Cohen

HOOFDSTUK 3
Onderwaterbioakoestiek 66
Tomonari Akamatsu

HOOFDSTUK 4
Coöperatief gedrag 88
Robert Allen

HOOFDSTUK 5
Warmte en vloeistoffen verplaatsen 110
Steven Vogel

HOOFDSTUK 6
Nieuwe materialen en natuurlijk ontwerp 132
Julian Vincent

Woordenlijst 172
Auteurs 178
Bibliografie 180
Register 188
Dankbetuiging 192

Inleiding

Kogelvrije veren? Strikt genomen zijn het kogelwerende veren, maar ook 'kogelwerende veren' klinkt tegenstrijdig. Stelt u zich eens voor dat we een kogelwerend vest konden ontwikkelen dat prettig, licht en soepel zou zijn totdat de drager bedreigd werd, op welk moment het pak zou verharden om bescherming te bieden. Onmogelijk? Mariene biologen wijzen ons de richting waarin we moeten zoeken naar precies dat soort aanpasbaar materiaal, dat in vele duizenden jaren door natuurlijke evolutieprocessen is ontwikkeld. Van veren en vinnen tot spieren en schelpen kan de biologie belangrijke lessen bevatten voor de technologie. Hoe kan een kerkuil zo stil vliegen? Hoe kunnen dolfijnen diep in de oceaan communiceren? Kunnen we de principes van de werking van onze spieren gebruiken om manoeuvreerbare robots te bouwen? Zou een blik in een bijenkorf tot nieuwe methoden van samenwerking inspireren?

    De antwoorden op deze en vele andere fascinerende vragen staan in dit boek, dat onderwerpen behandelt van materialen en ontwerpen tot communicatie en samenwerking. Als we biologische principes bestuderen die millennia lang in de natuur zijn ontwikkeld, kunnen we totaal nieuwe manieren ontdekken om technologische problemen aan te pakken.

▶ Kerkuilen staan bekend om hun vermogen geluidloos te vliegen. Inzicht in de kenmerken en mechanismen waarop het vermogen is gebaseerd, zou mogelijk in de aerodynamica gebruikt kunnen worden en tot vernieuwingen kunnen leiden in het ontwerp van vleugels.

De waaierachtige antennes van deze mannelijke meikever (Melolontha melolontha) zijn uiterst gevoelig en zouden inspiratie kunnen bieden voor nieuwe robotische geleidingssystemen.

NATUUR EN TECHNOLOGIE

De natuur zoekt de efficiëntste manieren om haar doelen te bereiken in termen van energie en materialen. De biologie gebruikt vaak een paar eenvoudige materialen die op een bepaalde manier zijn geordend, en maakt gebruik van passieve methoden van waarneming of besturing. De techniek gebruikt veel meer energie en bereikt vaak minder indrukwekkende resultaten. Dat is niet verrassend, want evolutionaire krachten – de survival of the fittest – werken al miljoenen jaren, terwijl techniek relatief jong is, gezien vanuit de toepassing van natuurkundige principes en wiskundige analyse in samenhang met artistiek en functioneel ontwerp. Natuurlijk heeft de mensheid altijd naar oplossingen voor problemen gezocht, maar dat heeft de biologie ook gedaan. We hebben nu de onderzoeksmiddelen van meting en beeldvorming (tot op nanoniveau en nog verder) om te kunnen bestuderen hoe de natuur oplossingen voor problemen heeft ontwikkeld. Inzichten in deze mechanismen kunnen onze technologie inspireren en informeren. Het onderzoek voorbij de grenzen van traditionele academische onderwerpen neemt snel toe en leidt tot innovatieve benaderingen van heel veel ontwerpproblemen op uiteenlopende gebieden als architectuur en signaalverwerking.

DEFINITIE VAN BEGRIPPEN

Het toepassingsgebied van een technisch systeem is vaak veel breder dan dat van een biologisch systeem, dat vaak voor één heel specifieke taak is ontwikkeld. Een insect kan bijvoorbeeld voelsprieten hebben met sensoren die zijn afgestemd op de frequentie van een mannelijke of vrouwelijke roep of het dier alert maken op de bewegingen van een roofdier, terwijl het besturingssysteem van een robot misschien over een veel bredere frequentieband moet kunnen werken. Er worden twee termen gebruikt voor de manieren waarop biologische en technische systemen met elkaar verband kunnen houden. Het ene is 'bio-inspiratie', dat beschrijft hoe we inspiratie van de natuur kunnen krijgen om technische oplossingen voor problemen te ontwikkelen. Dit vergt inzicht in het natuurlijke systeem en het toepassingsgebied ervan. Het andere is 'bionica' of 'biomimetica', dat over het algemeen staat voor nabootsing van de natuur. De twee termen worden echter vaak onderling verwisseld. De hier gegeven definities komen het meest voor en we gebruiken ze dan ook in dit boek. Inspiratie zal het belangrijkste begrip blijken.

INLEIDING

◀ De franjestaart (*Myotis nattereri*) drinkt uit een bosvijver. Wetenschappers bestuderen het verbazende vermogen van vleermuizen echolocatie (geluid en echo's) te gebruiken om in het donker te 'zien'.

ZICHT EN GELUID

Echopeiling is een uitstekend voorbeeld van de manier waarop we inspiratie uit de biologische wereld halen om nieuwe methoden te ontwikkelen voor de aanpak van traditionele technische problemen. Sommige dieren gebruiken akoestiek op een zeer hoog niveau. Vleermuizen en dolfijnen gebruiken echolocatie om te navigeren en een prooi te lokaliseren in de donkere nacht of in de duistere diepte van de oceaan. De prestaties van onze technische systemen komen niet in de buurt van de indrukwekkende staaltjes van deze dieren. Een vleermuis kan buitengewoon nauwkeurig doelen in het donker lokaliseren en dolfijnen gebruiken geluid om verschillende materialen te onderscheiden. Als we de principes van echolocatie zouden begrijpen, zouden we misschien betere echopeilings- en beeldvormingssystemen, instrumenten voor het zoeken naar mineralen en betere medische ultrasone beeldsystemen kunnen ontwikkelen. Robots voor het opsporen van oppervlaktedefecten in bijvoorbeeld een kernreactor, waarin onmogelijk of heel moeilijk valt te kijken, zouden met akoestische besturingssystemen misschien beter functioneren. De huidige technologie is echter zeer beperkt en er valt veel te leren van dieren die met echolocatie werken.

▲ Wetenschappers hebben geleerd hoe vleermuizen navigeren en doelen lokaliseren met akoestiek. Met die kennis hebben ze Robocane ontwikkeld, die slechtzienden en blinden zou kunnen helpen te navigeren en objecten te lokaliseren.

DE WEG ZOEKEN

Het gebruik van akoestiek voor navigatie kan handig zijn voor iemand die blind of zeer slechtziend is. Een voorbeeld hiervan is Robocane, een alternatief voor de traditionele 'witte stok' van slechtzienden of blinden. Het eind van de stok bevat een ultrasone omzetter die geluid uitzendt met frequenties boven het menselijk gehoor en dat dus onhoorbaar is. Hij bevat ook een ontvanger die de echosignalen opvangt en de informatie naar de hand van de drager overbrengt. Het gebruik van een tactiel feedbacksysteem ondervangt het probleem dat een geluidssignaal vormt, omdat het andere belangrijke auditieve signalen kan verstoren, zoals verkeerslawaai of iemand die mondelinge instructies geeft. Ontwikkelingen zoals deze bootsen natuurlijk niet de vaardigheden van een vleermuis rechtstreeks na, maar ze hebben de principes van echolocatie afgeleid en op een breder gebied toegepast. Inzicht in echolocatie vergt aanzienlijke bijdragen van ingenieurs en natuurkundigen met kennis van fundamentele akoestiek, signaalverwerking en het ontwerpen van omzetters, gekoppeld aan de specialistische kennis van een vleermuisbioloog.

OPSTIJGEN

Vliegen is ook een gebied van menselijke inspanning waarop ideeën die aan de natuur zijn ontleend duidelijk invloed hebben. Bij vroege pogingen om te vliegen probeerde men het flapperen van vogels en vleermuizen na te bootsen, maar ondanks vele vleugelontwerpen hadden deze pogingen geen succes. Intussen begrijpen we luchtweerstand en stijgkrachten beter en zijn er draagvlakken ontwikkeld die draagkracht benutten die wordt opgewekt door verschillen in luchtsnelheid tussen de bovenkant en de onderkant van de vleugel. Vogels zijn experts in de beheersing van de draagkracht en stijgkrachten van hun vleugels en de luchtweerstand; we blijven ervan leren voor de nauwkeurige afstemming van de ontwerpen van vliegtuigvleugels. Een kerkuil is een meester in stil vliegen. Evenals andere vogels heeft hij 'duimen' die hij in de grenslaag op de bovenkant van de vleugel kan uitstrekken om de luchtstroomkenmerken te veranderen. Vinnen op veel moderne vliegtuigvleugels (winglets) zijn ook ontwikkeld door observatie van de effecten van de 'vingers' op de vleugelpunten van roofvogels.

Hoewel in het begin van de bemande vlucht de flapperende voortstuwing snel werd opgegeven, is er nu weer belangstelling voor de ontwikkeling van kleine en

▲ Vleugels van veel vliegtuigen hebben 'winglets' die de vrucht zijn van het onderzoek naar de 'vingers' op de vleugelpunten van roofvogels. De winglets verbeteren de luchtstroom over de vleugels en verminderen de weerstand.

◀ Wetenschappers bestuderen fladderend vliegen bij insecten met slanke vleugels zoals deze blauwe glazenmaker, in de hoop de resultaten te kunnen verwerken in beter bestuurbare microrobots, maar fladderend vliegen wordt voor vliegtuigen onbruikbaar geacht.

lichte vliegtuigen die flapperen, met name voor heimelijke bewaking en defensiedoeleinden. De indrukwekkende luchtacrobatiek van bijvoorbeeld de libel heeft ontwerpers van onbemande luchtvaartuigen gestimuleerd de mogelijkheden van flapperen te onderzoeken om te zweven, achteruit te vliegen en in kleine ruimten te manoeuvreren. De aandrijfsystemen daarvoor zijn natuurlijk complex en de eisen aan het vermogen zeer groot. Toch wordt er snel vooruitgang geboekt. Net als bij vorige door de biologie geïnspireerde ontwikkelingen heeft de drang tot flapperend vliegen geleid tot meer inzicht in insectenvleugels en hun effecten tijdens de vlucht. De elegante structuur van vogelvleugels stimuleert ook ontwerpers van vliegtuigvleugels om te zien of eigenschappen van vleugeloppervlakken kunnen bijdragen aan hogere brandstofefficiëntie en lagere geluidsniveaus. Bij deze onderzoeken wordt gebruikgemaakt van geavanceerde vloeistofdynamische beeldvorming, lichte kunststofvezels, materiaaltechnologie en signaalverwerking, naast andere constructietechnieken, maar ze vergen ook fundamentele biologische kennis en op die manier boekt men vooruitgang in inzicht en ontwikkeling.

VOORTBEWEGING IN WATER

Net als vogels maken vissen en zeezoogdieren heel goed gebruik van stijgkrachten en wrijvingsweerstand. Ze vormen dan ook een potentiële bron van inspiratie voor het ontwerpen van onderwatervoertuigen en voor nieuwe voortstuwingssystemen. De huid van een dolfijn kan inspiratie bieden voor de ontwikkeling van een romp met laminaire stroming en lage weerstand, wat belangrijk zou zijn voor een autonoom onderwatervoertuig (*autonomous underwater vehicle*, AUV) voor de lange afstand, waarin de energiebronnen zeer efficiënt moeten worden gebruikt. Een schroef is de gebruikelijke aandrijfmethode voor een schip of een onderzeeër, maar er zijn nog veel meer voortstuwingsmethoden, bijvoorbeeld die van schildpadden en vissen. Geïnspireerd door de zwempootacties van de schildpad hebben ontwerpers van robotische onderwatervoertuigen een zwempootachtige aandrijving ontwikkeld waarmee voertuigen op een beperkte plaats kunnen manoeuvreren en zelfs een koprol kunnen maken. De lange rugvin van enkele soorten zeenaalden inspireert ontwerpers van voortstuwingssystemen onder water te zoeken naar oscillerende vinachtige onderdelen waarmee een AUV naar voren en naar achteren kan gaan en zweven, iets wat met een schroef niet gemakkelijk te doen is. Niet-roterende voortstuwingssystemen hebben ook een groot voordeel bij obstakels die een conventionele schroef kunnen blokkeren, bijvoorbeeld bij het manoeuvreren door kelpbossen of zeewierbedden.

VOORTBEWEGING OP HET LAND

Er komen steeds meer lopende robots, maar het besturen van het lopen is een gecompliceerd proces. De dierenwereld maakt vaak gebruik van meer dan twee poten en dan wordt de coördinatie buitengewoon ingewikkeld. Insecten gebruiken heel elegante strategieën voor de besturing van hun ledematen; krabben en andere schaaldieren hebben methoden ontwikkeld om in allerlei richtingen te lopen, zodat ze zeer goed kunnen manoeuvreren, zelfs als ze alleen zijwaarts kunnen gaan! Misschien kunnen we van deze dieren betere strategieën leren om machines te laten lopen. Als we bijvoorbeeld een loophulpmiddel moesten ontwerpen voor iemand met ruggengraatletsel, is een grote rugzak vol aandrijfsystemen, krachtbronnen en computerapparatuur het laatste wat die persoon zou willen. Hoe bestuurt een insect zijn ledematen zo precies en

▲ De manier waarop pinguïns onder water 'vliegen', is een bron van inspiratie geweest voor de ontwerpers van een biomimetische (of 'pinguïnmimetische') aandrijving voor een kajak. Het mechaniek wordt met de voet aangedreven en laat de armen vrij om te sturen of te vissen.

gecoördineerd met zo weinig neuronen? Kunnen we daarvan leren besturingssystemen te ontwikkelen met een combinatie van analoge en digitale signalen? Het zenuwstelsel gebruikt analoge signalen om input van vele zintuigen en feedbacklussen te integreren, maar het gebruikt digitale signalen (actiepotentialen) voor signaaloverdracht over een afstand en vaak bij aanzienlijke 'ruis' vanwege de hoeveelheid 'dataverkeer' op omringende neurale snelwegen. In de techniek worden systemen nu met software geregeld. Analoge signalen worden vaak dicht bij hun bron gedigitaliseerd; de integratie en verwerking vinden in de digitale wereld plaats. Misschien kunnen we ons besturingssysteem vereenvoudigen door de loopbesturingslus van een insect te observeren. Bij de sprinkhaan zijn veel neurale verbindingen goed in kaart gebracht en de interneuronen die de sensoren met de motorische neuronen verbinden, zijn ook bekend. Het zou dus mogelijk moeten zijn het positioneringssysteem van een ledemaat te onderzoeken en vast te stellen hoe de signalen voor het lopen worden gebruikt. De toegepaste onderzoekstechnieken kunnen ook leiden tot meer inzicht in het biologische besturingssysteem.

HOE DOEN ZE DAT?

Er zijn honderden andere voorbeelden van biologische processen en technieken die de interesse hebben gewekt van ingenieurs die deze principes op menselijke technologie willen toepassen. De voet van de gekko heeft bijvoorbeeld de afgelopen jaren veel aandacht getrokken. Gekko's lopen vaak ondersteboven over een plafond of op een lampenkap en het is de uitdaging te weten te komen hoe ze zich aan die gladde oppervlakken kunnen hechten. Het inzicht dat aan

▼ *Onder* De manier waarop vlindervleugels in allerlei kleuren glinsteren, heeft geïnspireerd tot het ontwerp van nieuwe weergavemethoden in fotonica.

▼ *Rechts* Schubben op de vleugel van een dagpauwoog overlappen elkaar als dakpannen. Ze laten warmte en licht door, maar isoleren ook.

deze dieren wordt ontleend, leidt bijvoorbeeld tot verbeteringen in de kleefeigenschappen van de voeten van klimmende robots. Lopende inspectierobots zouden in kernreactoren omhoog kunnen klimmen om het inwendige oppervlak te inspecteren of langs muren en ramen van gebouwen omhoog kunnen klimmen voor inspectie of bewaking. Vuilafstotende coatings voor mariene bouwwerken worden ontwikkeld op basis van studies van zeeplanten die het oppervlak van hun bladeren of stelen schoon kunnen houden, terwijl in dezelfde omstandigheden algen en andere vormen van zeeleven geregeld scheepsrompen bevuilen. Het veelbesproken lotusblad met zijn vermogen oppervlaktevuil te weren door de vorming van waterdruppels heeft ook geleid tot ontwikkeling van zelfreinigende coatings voor technische constructies. Het kennelijke gemak waarmee plantenwortels zich een weg door de aarde banen, is heel indrukwekkend en robotontwerpers hebben de betreffende mechanismen bestudeerd voor de ontwikkeling van eindeffectoren voor gravende robots. De lijst blijft groeien.

EEN BIONISCHE INLEIDING

Dit boek is een 'initiator' over de onderwerpen bionica en bio-inspiratie, gebaseerd op de aanzienlijke kennis en ervaring van enkele deskundigen met een grote reputatie. Omdat bionica zo'n jong gebied is, geven deze auteurs ook vorm aan het gebied en wijzen ze de richtingen waarin toekomstige ontwikkelingen zullen gaan. Laten we even een kijkje nemen: mariene biologie, mensachtige robots, onderwaterbioakoestiek, coöperatief gedrag, beweging van warmte en vloeistoffen, en materialen en ontwerpen. Het is een gevarieerde reeks toepassingsgebieden, maar ze hebben allemaal een relatie met efficiënt gebruik van materialen en processen. Ze bieden uitstekende voorbeelden van de manier waarop biologie en techniek veel van elkaar kunnen leren.

MYSTERIES VAN DE DIEPTE

Omdat de levensduur van een accu beperkt is, zijn voortstuwingssystemen voor onderwatergebruik voortdurend in ontwikkeling om het energieverbruik te minimaliseren. Biologie geeft mogelijk aan hoe ze te verbeteren zijn. Jeannette Yen beschrijft hoe sommige zeedieren en organismen nieuwe manieren hebben ontwikkeld om energie terug te winnen uit wervelingen die tijdens het zwemmen worden veroorzaakt. Vissen doen dat door hun staart te slaan in een frequentie waarmee ze zoveel mogelijk energie terugwinnen. Kwallen pulseren ook in een frequentie die voor de beste energieoverdracht voor de voortstuwing zorgt. Technische systemen halen meestal geen energie uit wervelingen, maar dit principe wordt nu ontwikkeld voor allerlei onderwaterrobotvoertuigen die opkomende wervelingen neutraliseren om stuwkracht op te wekken. Als een dier een soepel lichaam heeft, kan het door nauwe openingen kruipen, maar dat biedt weinig verdediging tegen roofdieren. De zeekomkommer heeft een manier ontwikkeld om deze beperking op te heffen, namelijk door tussen meer en minder stijve lichaamstoestanden te bewegen; we kunnen daarvan leren om mechanisch adaptieve systemen te ontwikkelen. In de medische techniek ontwikkelt men al oplossingen voor het aanpassingsprobleem zoals micro-elektroden voor hersenimplantaten die door hun omgeving mechanisch worden 'aangepast'. De elektrode is aanvankelijk stijf zodat ze kan worden ingebracht, maar ontspant zich in contact met lichaamsvloeistoffen om zich naar bewegingen van de omringende weefsels te kunnen voegen. Bij revalidatietherapie na een herseninfarct of ruggengraatletsel wordt steeds vaker elektrische stimulering toegepast; hierbij krijgen de spieren elektrische impulsen zodat de patiënt weer mobiel kan worden. Vaak worden oppervlakte-elektroden gebruikt, maar deze moeten regelmatig worden vervangen. Geïmplanteerde elektroden hebben dat probleem niet.

ECHO'S OPVANGEN

De meeste schepen hebben tegenwoordig een echopeiler aan boord om tijdens een reis de diepte van de oceaan te volgen. De kapitein van een vissersboot gebruikt meestal zo'n apparaat om scholen vissen op te sporen, maar conventionele systemen gebruiken zuivere tonen die niet erg nuttig zijn voor het classificeren van doelen omdat de echo's beperkte informatie bevatten. Een hoge echo-intensiteit kan wijzen op een grote school vissen en een veel zwakkere echo op een kleinere groep, maar de soort en de grootte van de vissen zijn niet te onderscheiden. Dit geldt ook voor het in kaart brengen van de zeebodem, waarbij de informatie over kenmerken beperkt kan zijn. Net als vleermuizen gebruiken dolfijnen een kortdurend signaal met een hoge intensiteit. Deze 'kliks' veroorzaken echo's met vele frequentie-componenten die informatie bieden over de kenmerken van het object, zoals

◀ De overdracht van energie van de wervelingen die een kwal opwekt als aandrijving, kan ingenieurs helpen systemen te ontwikkelen om onderwatervoertuigen zeer efficiënt te laten voortbewegen.

materiaalsamenstelling, dikte en mogelijke vormen. Als we technische systemen volgens dezelfde principes zouden ontwikkelen, zou dat een belangrijke stap voorwaarts zijn in onderwateronderzoek, geologisch onderzoek en zelfs medische echoscans. Tom Akamatsu beschrijft de bio-echopeiling van dolfijnen, die de inspiratie biedt voor de volgende generatie echopeilers waarmee scholen vissen worden opgespoord. Dat zou een middel zijn om vissen voor consumptie te onderscheiden van vissen die de visser liever niet vangt, bijvoorbeeld om ze te behouden.

ROBOTICA

De mensachtige robot is misschien wel de ultieme 'bionische machine'. Dat klinkt wellicht als sciencefiction, maar zelfs een oppervlakkige blik in het hoofdstuk van Yoseph Bar-Cohen zal zulke gedachten snel verdrijven. Er zijn al humanoïde robots en Yoseph geeft voorbeelden waarin een kloonrobot moeilijk van zijn uitvinder te onderscheiden kan zijn. Mensachtige robots kunnen wel een mensachtig voorkomen hebben, maar waarnemen, redeneren en leren – kunstmatige intelligentie (AI) – maken ze pas echt mensachtig in termen van gedrag. Humanoïde robots zijn veel meer dan mechanische foefjes. In de ruimte, de diepe oceaan of op gevaarlijk terrein (gifgassen of radioactiviteit) kunnen deze robots complexe taken verrichten zonder menselijke tussenkomst. De ontwikkeling van antropomorfe ledematen voor zulke robots is noodzakelijk om ze handig te maken en deze ontwikkelingen kunnen baat hebben bij de resultaten van intelligente prothetische geneeskunde, en omgekeerd. Bij de revalidatie van patiënten bij wie een ledemaat is geamputeerd, worden al robotische handen en armen gebruikt die met elektrische signalen van spieren worden bestuurd.

SAMENWERKING

Er is een toenemende trend kleine, goedkope robotvoertuigen te bouwen die in teams zijn te organiseren, wat de financiële gevolgen van de uitval van één dure machine beperkt. De technische uitdaging bij deze voertuigen is ze samen aan hun missie te laten werken. Robert Allen beschrijft hoe het schoolgedrag van vissen en het zwermgedrag van vogels inspiratie kunnen bieden voor de ontwikkeling van gereguleerde coöperatieve besturingsschema's waarmee een team kan navigeren zonder te botsen.

◀ De gecoördineerde beweging van zwermen vogels of scholen vissen kan helpen regels op te stellen voor vliegtuignavigatie zonder risico van botsingen en voor computeranimaties en -games.

Het vinden van het doel van de missie – bijvoorbeeld het lokaliseren van de bron van vervuiling in een rivier of estuarium – is een heel ander probleem. Daarvoor hebben we een andere soort inspiratie nodig en de nesten van sociale insecten zijn de bron. De besluitvorming op grond van gespreide waarneming en de consensus in een bijenkorf laten ons op nieuwe manieren naar de coöperatieve besturing van robotvoertuigen kijken. Deze insectenstrategieën kunnen ook leiden tot een nieuwe aanpak van problemen zoals het voorkomen van overbelasting van internetservers of machinaal gereedschap bij fabricageprocessen. We begrijpen de potentiële toepassingen van deze studies nog maar nauwelijks.

BEWUSTZIJN VAN DE OMGEVING

Om te profiteren van de lessen van sociale insecten hebben we sensoren voor onze robotvoertuigen nodig. De zijlijn van een vis is een elegant mechanoreceptorsysteem dat de vis informatie biedt over beweging en vibratie in het omringende water en hem roofdieren of prooien laat waarnemen. De sensorreeks neemt stroming en stationaire nabije objecten waar, en vormt de basis van schoolgedrag door informatie te geven over de bewegingen van nabije soortgenoten. Soortgelijke mechanoreceptoren zitten bij enkele vissen op de kop. Blindvissen vinden met deze sensoren bijvoorbeeld hun weg in het donker en voorkomen dat ze tegen obstakels botsen. Er worden al micromechanische systemen ontwikkeld voor toepassing op AUV's en andere robotvoertuigen.

ZUINIG OMGAAN MET HULPBRONNEN

Over de hele wereld zijn stijgende kosten, beperkte hulpbronnen en de invloed van ons energieverbruik op het milieu urgente kwesties geworden. Energiebesparing is dan ook van groot belang. Als we overwegen dat het handhaven van een aangename temperatuur in huis verantwoordelijk is voor een groot deel van ons energieverbruik, is een frisse blik op verwarming en ventilatie niet overbodig. De natuur lost de problemen van verwarming, isolatie en ventilatie op allerlei nieuwe en effectieve manieren op. Steven Vogel laat ons kennismaken met enkele van die manieren. Door de combinatie van koudbloedige poten met een warmbloedig lichaam kunnen waadvogels in zeer koud water naar voedsel zoeken zonder warmte via hun poten te verliezen. Wat voor inspiratie biedt dat?

▼ De studie en analyse van de voedingsmethoden van insecten zoals de bladsnijdermier kunnen leiden tot nieuwe technieken voor de optimalisering van planning- en routingsystemen.

◀ Waadvogels kunnen in zeer koud water naar voedsel blijven zoeken omdat ze de warmte van hun warmbloedige lichaam niet via hun koudbloedige poten verliezen.

ZUINIG OMGAAN MET MATERIALEN

De biologie heeft bijzonder effectieve manieren ontwikkeld om materialen voor structuren te gebruiken. Julian Vincent beschrijft een aantal stimulerende voorbeelden en vertelt ons hoe we uit biologische systemen lessen kunnen trekken voor materiaaltechnologie. Ontwerpingenieurs besteden bijvoorbeeld veel tijd en energie aan het vermijden van problemen die worden veroorzaakt door water, maar Julian laat het belang van water voor de opbouw van organische materialen zien. Hij toont de ingenieuze manieren waarop de biologie adaptieve structuren heeft ontwikkeld die van buigzaam in star kunnen veranderen. De menselijke huid is een van de opvallendste structuren waarover wordt gesproken. Onze huid heeft niet alleen indrukwekkende mechanische eigenschappen, maar is ook zelfgenezend. Bovendien past hij bij beschadiging vezeloriëntering toe om te voorkomen dat de wond zich uitbreidt. De biologie kan ons ook leren over recycling. Biologische materialen recyclen van nature, terwijl technische materialen meestal heel veel energie kosten en hun recycling dus ook veel energie vergt.

Dit boek laat zien dat de beloning aanzienlijk kan zijn als biologen en ingenieurs samenwerken, en dat de lessen die worden geleerd, in beide richtingen tot nieuwe inzichten leiden.

1 | MARIENE BIOLOGIE

MARIENE BIOLOGIE, NEPTUNUS' SCHATKAMER

Inleiding

Hoe vaak hebben we niet naar de zee gestaard, in vervoering door de aantrekkingskracht van het onbekende? Er valt veel te leren van het ontwerp van de onderwaterwereld, dat nuttige toepassingen voor ons op het land kan bieden. Om de lessen van het diepe te leren moeten we eerst uitzoeken hoe we dat vreemde gebied kunnen onderzoeken.

Onze behoefte aan lucht maakt het moeilijk oceanen te onderzoeken zoals Darwin deed op zijn moedige tochten ter land. Een mogelijke oplossing is robots gebruiken als ogen, oren en schatjagers. Vaak zijn het ontwerp van deze robots en hun manier van voortbewegen geïnspireerd op waterleven. De bijzondere levensvormen in de zee weerspiegelen de effecten van verminderde zwaartekracht, want het drijfvermogen vermindert het effectieve gewicht dat levensvormen op het land verankert. Twee belangrijke natuurlijke principes zijn aan het onderzoek van waterleven ontleend om de bruikbaarheid van onderwaterrobots te vergroten, namelijk het gebruik van wervelenergie en bewegingscoördinatie door centrale patroongeneratoren. Robottonijnen, robotkwallen en robotwaterwantsen zijn efficiënte zwemmachines dankzij de kracht van wervelingen die in hydrodynamisch zogwater worden opgewekt. Robotslakken en robotlampreien, robotkreeften en robotoctopussen hebben allemaal geïntegreerde regelsystemen nodig om hun taken te vervullen.

HOE DOEN ZE DAT?
Er zijn drie puzzels opgelost door biologische principes te testen met bio-geïnspireerde robots. Volgens Gray's paradox hadden blauwvintonijnen niet voldoende spiermassa om hun waargenomen zwemsnelheden te bereiken. Zo ook waren fragiele kwallen niet sterk genoeg om de snelheden te halen die ze vertoonden. Volgens Denny's paradox konden jonge waterwantsen niet snel genoeg met hun poten roeien om capillaire golven op te wekken waarmee ze zich door de grenslaag tussen zee en water konden voortbewegen. Met onafhankelijke onderzoeken kwamen wetenschappers tot dezelfde conclusies voor de oplossing van deze puzzels. De blauwvintonijn flappert met zijn staart in precies de juiste frequentie om maximale energie uit de vorige flapbeweging te halen. De kwal trekt zijn

◀ De onderwaterwereld van de oceaan bevat voor wetenschappers veel waardevolle lessen, die we op onze eigen omgeving kunnen toepassen.

▶ Vinnen van vissen verspreiden wervelende ringen in hun kielzog om kracht voor voortbeweging op te wekken. A: *Lepomis macrochirus* en B: *Embiotoca jacksoni* zwemmen op 50% van hun maximale borstvin-zwemsnelheid; gebogen pijlen zijn losse wervelingen met een snelle centrale straalstroom (grote zwarte pijlen). C: laterale en dorsale beelden van *Lepomis macrochirus* die zwemt met de staartvin die een keten van samenhangende wervelingen in zijn kielzog opwekt. Met wijzigingen naar Lauder en Drucker 2002.

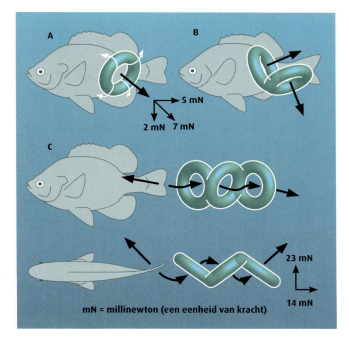

kringspieren in precies het juiste tempo samen voor maximaal watertransport als de volgende werveling met de vorige botst. Bij de waterwants wordt tijdens het roeien stuwkracht van wervelingen onder het wateroppervlak opgewekt; zijn poten dienen als roeispanen en zijn meniscussen als uiteinden. Stuwkracht van deze wervelingen wordt vertaald in vloeistofbeweging, zodat de wants over het vloeistofoppervlak kan blijven glijden.

Al deze waterorganismen gebruiken energie van wervelingen, een innovatie die buitengewoon zeldzaam is in door mensen gebouwde apparaten. Wervelingen ontstaan vaak als objecten door een vloeistof bewegen zoals lucht of water. Als een vis met zijn staart flappert, ontstaat een kolom van bewegende vloeistof met wervelingen die stuwkracht produceren. Volgens de mechanica van de blauwvintonijn werd de flap van de staart van de robottonijn zodanig getimed dat er tegen elkaar draaiende spiralen ontstaan die de spiralen van de vorige flap tegenkomen en verzwakken. Deze verhoging van zwemefficiëntie loste Gray's paradox op. Flapperende bladen zijn efficiënter dan schroeven omdat de kracht van de bladen in de bewegingsrichting werkt als een golf langs het lichaam van de vis. In schroeven wordt energie verspild, want een groot deel van de kracht maakt rechte hoeken met de bewegingsrichting.

HOUD HET SIMPEL

Zwemmen als een vis vergt geen gecompliceerde regelsystemen of veel mechanische elementen, alleen een heen en weer bewegend blad. De 'truc' die levensechte bewegingen mogelijk maakte in zo'n eenvoudig flapsysteem is de keuze van materialen voor de staart. De gekozen materialen konden de hydrodynamische kracht optimaal over het lichaam verspreiden tijdens het voortbewegen en manoeuvreren. Het vermogen de frequentie van oscillatie aan te passen of af te stemmen is ook belangrijk om zoveel mogelijk kinetische energie aan de onregelmatige werveling te onttrekken en te hergebruiken met een goed afgestemde harmonische stuwkracht. De flap van de staart wekt een draaiende werveling op. De volgende flap wordt daarop afgestemd; de draaiende werveling die hij opwekt, ontmoet wervelingen die in tegengestelde richting draaien. De flap vangt de energie van de wervelingen op. Met experimenten is ontdekt dat dit specifieke ritme zorgt voor maximale efficiëntie van het flapperende blad voor voorwaartse beweging. Met dit nieuwe vermogen wervelingen optimaal te gebruiken voor non-lineaire variabele beweging kunnen zwemmende organismen elk schip en elke onderzeeër ontwijken met een plotselinge versnelling. Het uiteindelijke ontwerp van de robotonijn ontleedde de fundamentele principes van het natuurlijke systeem en implementeerde ze zo goed mogelijk met de huidige techniek en materialen. De op de biologie geïnspireerde onderwaterrobot fungeerde als testobject voor nieuwe watersensoren, actuatoren en besturingstechniek.

MARIENE BIOLOGIE, NEPTUNUS' SCHATKAMER

Wervelingen benutten

Als het om voortstuwing, energie en fysische stabiliteit gaat, biedt de oceaan ons opnieuw een ongekende schatkamer vol ideeën en inspiratie. Waterorganismen van kwallen tot waterwantsen tonen ons natuurlijke, goedkope manieren om wervelingen te benutten zonder grote voorraden energie en materialen te gebruiken.

Het gebruik van wervelingen ligt achter de succesvolle prestaties van diverse onderwaterrobots. De voortstuwing van robotkwallen door zwakke samentrekkingen van de perifere polymere band werkt alleen als de pulsen zodanig getimed zijn dat nieuwe wervelingen vorige wervelingen ontmoeten, zodat volgende wervelingen stuwkracht opwekken. Robotwaterwantsen kunnen over water lopen door de oppervlaktespanning in balans te brengen met de kracht van de wervelingen die wordt opgewekt door het roeien van uitgestrekte ledematen.

Passieve zelfcorrectie van de lichaamspositie van de koffervis berust ook op de op elkaar inwerkende spiraalvormige wervelingen van de stroom die door het lichaam wordt opgewekt. Dit was de inspiratie voor de stabilisatiemechanismen van een door Mercedes-Benz ontworpen bio-geïnspireerd conceptvoertuig. De kleine gevlekte doosachtige rifvis is geen voor de hand liggend model voor een auto. Een auto moet stabiel zijn om niet te kantelen. Vloeistofdynamici leerden van hun analyse van de stroom die de koffervis met zijn lichaam opwekte dat het opwekken van wervelingen alweer een belangrijk deel van de stabiliteitsoplossing was voor een zelfcorrigerende houding. Deze vis kan een soepel zwemtraject en een stabiele positie handhaven, zelfs in een woelige zee, zodat hij kan ronddraaien in een kleine ruimte zoals een scheur in een koraalbank.

DE KRACHT VAN DE ZEE

Mensen hebben apparaten ontworpen die de energie van beweging in oceanen en rivieren gebruiken. Daarvoor gebruiken ze de principes van voortbeweging die ze aan een zorgvuldige studie van zeewezens hebben ontleend. Een piëzo-elektrische polymere omzetter, geïnspireerd op de golvende bewegingen van de paling, kan de energie van voortgaande wervelingen achter een stomp lichaam benutten als het polymeer wordt vervormd. De energie die door de omzetter uit de wervelende waterstroom is opgevangen, kan in een accu worden opgeslagen totdat er genoeg vermogen is om een pomp of een led onder water van energie te voorzien. In tegenstelling tot actieve besturing is de energieoogstende 'paling' ontworpen om te flappen in een frequentie die het best op de plaatselijke stromingsdynamiek is afgestemd voor maximale druk en omzetting van mechanische stromingsenergie in elektrisch vermogen. Goed gekoppelde membranen berusten op een zorgvuldige keuze van materialen die gemakkelijk oscilleren en in dezelfde frequentie als de onverstoorde golfslag resoneren. Vissen passen een soortgelijk mechanisme voor energieonttrekking (energie uit wervelingen) toe om het gebruik van spierenergie te verminderen als ze achter een rivierseen of in formatie zwemmen. Het belangrijkste principe dat hier van de natuur is geleerd, is het gebruik van instabiele beweging (werveling) in plaats van een stabiele stroom. Als we dit principe voor energieterugwinning toepassen, kunnen we misschien de maximale vloeistofdynamische efficiëntie van 59,3% overschrijden die met een stabiele stroom is te bereiken, zoals die door windmolens wordt gebruikt.

Op grotere schaal onttrekt de Pelamis-golfomzetter energie aan golven. *Pelamis* is Grieks voor 'zeeslang'. In tegenstelling tot zwemmende slangen, die zijwaartse golvende beweging benutten, gebruikt de Pelamis de op en neer gaande beweging van de zee. De ontwerpers konden inspiratie aan het biologische systeem ontlenen en het manipuleren voor een optimaal effect. De Pelamis-golfomzetter bestaat uit cilindrische scharnierende secties die in de golven op en neer bewegen. Bij elk van de scharnieren tussen de secties gebruiken hydraulische cilinders de golfbeweging om generatoren aan te drijven die elektriciteit opwekken.

Golfenergie is voorspelbaarder en duurzamer dan windenergie. De Aguçadoura-golfboerderij langs de kust van Portugal, die drie Pelamis-golfomzetters benut, maakt deel uit van een poging duurzame energiebronnen te ontwikkelen zonder de koolstofemissies die verantwoordelijk zijn voor de opwarming van de aarde.

◀ Het vermogen van de gele koffervis zijn lichaam te stabiliseren heeft inspiratie geboden voor het ontwerp van de koffervisauto van Mercedes-Benz (zie blz. 163).

◀ De Aguçadoura-golfboerderij gebruikt drie Pelamis-golfomzetters om duurzame energie op te wekken, zonder de planeet op te warmen.

MARIENE BIOLOGIE, NEPTUNUS' SCHATKAMER

Besturingssystemen

Voortbeweging over complexe en moeilijke terreinen is een bijzondere uitdaging onder water. Wetenschappers kijken weer naar de natuur voor tips. Dat heeft geleid tot een wonderlijke reeks robots, zoals een robotkreeft en een robotslak, die enkele van de verbazingwekkende vermogens van hun natuurlijke tegenhangers bezitten.

 De Amerikaanse kreeft (*Homarus americanus*) heeft mede het probleem van navigatie en adaptatie in turbulente vloeistofomgevingen opgelost.

▲ Tekening van een wandelende onderwaterrobot op basis van de Amerikaanse kreeft voor op afstand bestuurde operaties in ondiep water.

Een belangrijke stap in het beoordelen van de geschiktheid van een natuurlijk systeem voor bio-geïnspireerde ontwerpen is het gebruik van vereenvoudigde methoden als sjablonen. De robotkreeft en de robotslak illustreren hoe de besturing van veel vormen van voortbeweging te vereenvoudigen zijn met slimme morfologische ontwerpen en het gebruik van functionele materialen. Schaaldieren bieden een logische sjabloon voor onderwaterrobots. Het waterbestendige exoskelet van stijve, sterke chitineplaten met een tussenliggend membraan voor de scharnierwerking beschermt het inwendige. De hydrodynamisch adaptieve vorm helpt neerwaartse kracht op te wekken ter compensatie van het verminderde effect van de zwaartekracht onder water. Het probleem zijn al die aanhangsels en klauwen. Ze zijn wel nuttig voor tractie en om de kreeft te stabiliseren, maar ze

BESTURINGSSYSTEMEN

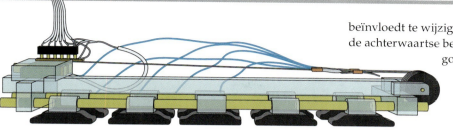

▲ Dit is Robosnail, de robot die is geïnspireerd op de hechtende voortbeweging van de zeeslak, mogelijk gemaakt met nieuwe zachte actuatoren.

▼ De zeeslak heeft geïnspireerd tot de ontwikkeling van een nieuw soort robot die in complexe omgevingen kan rondtrekken, zelfs ondersteboven.

zijn moeilijk te coördineren. Een coördinatieschema voor autonome onderwatervoertuigen op poten (*autonomous legged underwater vehicles*, ALUV's) zoals de robotkreeft gebruikt elektronisch geregelde, naar grootte ingedeelde versterking van motoreenheden. Door achtereenvolgens kleinere eenheden te activeren en dan weer grotere, is de resulterende beweging vloeiend in plaats van schokkerig.

RONDLOPEN

Om in de juiste richting te bewegen vertrouwen modulaire robots op coördinatie volgens het principe van een centrale patroongenerator. Dit eenvoudige circuit kan veel verschillende ritmische patronen creëren door de kracht en de timing van de manier waarop het ene element het andere

beïnvloedt te wijzigen. Zulke regelsystemen produceren de achterwaartse beweging van de robotische zeeslak, de golfbeweging van de robotlamprei en de samentrekkingen die de zuiging van de robotische octopuszuignap opwekken.

Voor de beweging van een slak is slijm nodig, waarvan de eigenschappen veranderen als de druk op de vloeistof verandert. Een robotmodel van een zeeslak, Robosnail I, gebruikt een retrograde golf die zich voortbeweegt in de richting tegenovergesteld aan die van de beweging van de slak. Door de druk in de vloeistoflaag werkt de slijmlaag tussen de golven als lijm wanneer de druk erop onder het kritische niveau is. Druk in het golfgebied laat de slijmlaag juist vloeien, zodat de slak zich kan voortbewegen. Door deze ongebruikelijke niet-newtoniaanse vloeistof kan de slak het achtereind van zijn lichaam, waar het slijm kleverig is, verankeren terwijl hij het voorste deel naar voren duwt. Robosnail I heeft één voet, wat mechanisch eenvoudig is – net als een echte slak. Robosnail II heeft vijf glijsecties waarin kleine bewegingen in een gecoördineerde opeenvolging plaatsvinden. Net als echte slakken is Robosnail II stabiel en kan hij ingewikkelde oppervlakken aan.

Ook de robotlamprei heeft coördinatie nodig om de juiste zogstructuur te produceren voor de meeste stuwkracht, op basis van de optimale frequentie van zijn staartvin. De vele segmenten moeten gecoördineerd bewegen om een vloeiende beweging te produceren. In plaats van een complex programma dat elke beweging van de afzonderlijke segmenten regelt, beweegt een eenvoudiger systeem automatisch één segment en voorkomt het de beweging van een ander. Het is gemodelleerd naar de periodieke centrale patroongenerator van zwemmende naaktslakken en coördineert de afwisselende bewegingen van spieren. Door de timing van spieractiviteit ontstaat een voortgaande golf langs het lichaam met een palingachtige voortstuwing.

Elke robot heeft een ander talent voor een specifieke taak. Om te manoeuvreren zijn ronde robotkwallen geschikt. Voor snelheid nemen we de robottonijn. Om door scheuren te kruipen kiezen we de robotslak of de robotlamprei met een flexibele robotzuignap.

MARIENE BIOLOGIE, NEPTUNUS' SCHATKAMER

Biologisch geïnspireerd ontwerp toepassen

Hoe kunnen we een boot in zand verankeren? Het medium is een instabiel mengsel van zand en water. De locatie is ver, op de zeebodem, waar de kracht die voor graafwerk nodig is, moeilijk te leveren is. Boorplatforms hebben het gedaan, maar alleen met de bijbehorende hoge kosten van dure arbeid en materialen. Wat zou de natuur doen?

Een belangrijk aspect van biologisch geïnspireerd ontwerp is de herkadering van het probleem door te onderzoeken welke processen in de natuur soortgelijke of omgekeerde functies verrichten. We beginnen met het ontleden van het probleem in functies en voor elke functie vragen we wat de natuur zou doen. Specifieker, hoe graven zeeorganismen in de zeebodem en verankeren ze zichzelf? Dit heet 'analoog redeneren', een denkproces dat de creativiteit kan verhogen als we het bekende naar het onbekende brengen. De volgende stap is uitstekende adaptoren te vinden – organismen die dit probleem al duizenden jaren kennen, zodat natuurlijke selectie de mislukkingen heeft geëlimineerd. Zullen de zwaardschede en de bescheiden borstelworm ons iets leren waaraan we nog niet hadden gedacht? Dat is een voordeel van een biologisch geïnspireerd ontwerp. In plaats van de standaardmechanismen van ingenieurs toe te passen, breiden we onze mogelijke ontwerpruimte uit door na te gaan hoe zulke functionele en aanpasbare organismen gebruiken wat ze hebben om zich voort te planten en die informatie aan hun nakomelingen door te geven door middel van de blauwdruk van hun DNA.

De huidige technologie gebruikt pneumatische krachten om in moeilijke materialen te boren zoals regoliet op de maan, waar een deel van de grond als vochtig strandzand is. De boor is een holle buis van buitengewoon sterk materiaal (diamantmatrix) dat door het regoliet snijdt, terwijl afval door het midden van de boor wordt opgezogen. Lijkt dat niet veel op het graafwerk van aardwormen? De borstelworm gebruikt de eigenschappen van de omgeving om energie te sparen bij het graven in modder. Experimentele analyse van de drukpatronen die ontstaan als de worm in zeewatergelatine graaft, toont aan dat de worm een onvermoede kracht gebruikt: scheurvoortplanting. De worm duwt om een scheur te laten beginnen, die dan wordt voortgezet door het lineaire, elastische breukmechanisme van de samenhangende modder. De worm valt in de diepere scheur en herhaalt het proces. Dit is heel anders dan boorkracht, en energiebesparing wordt verkregen door passief gebruik van zulke materiaaleigenschappen van de omgeving.

◀ Sommige borstelwormen hebben morfologieën waarmee ze barsten in modder kunnen gebruiken om energie te besparen bij het graven.

◀ Roboclam, een op schelpen geïnspireerd anker ter grootte van een zakmes, dat de bewegingen van een schelp met expansie- en contractiebewegingen nabootst. Hij is energiezuinig gebleken vergeleken bij het duwen van een stomp voorwerp in de bodem.

HOUVAST KRIJGEN

Stel dat we zand nodig hebben om grip onder water te krijgen? Wat zou de natuur dan doen? Kijk naar de zwaardschede. Deze schelp kan diep graven, tot 70 cm, en vertoont een ankerkracht in relatie tot de verankerende energie die beter is dan de beste ankers. Uit metingen van de kracht van de schelp blijkt dat hij daarvoor te zwak is, dus hoe krijgt hij dat voor elkaar? Analyse van zandbeweging rondom een zwaardschede wijst uit dat het organisme een ingenieuze interactie met zijn omgeving heeft. De samentrekking van de klep en de verticale lichaamsbeweging maken het mengsel van zand en water vloeibaar. De schelp laat zijn flexibele voet of mantel in het drijfzand vallen, maakt een bol van het eind van zijn voet en trekt de schelp erachteraan. Vergeleken bij de energie die een stomp voorwerp nodig heeft om de bodem binnen te dringen, kan de energiebesparing wel 10-100 keer zo groot zijn. Welke aspecten van dit biologische proces zijn in een technisch ontwerp te vertalen, en hoe?

Ziedaar, robotschelp! De robotschelp, niet groter dan een Zwitsers legermes, is ontworpen om compacte, energiezuinige, lichte, omkeerbare en dynamische graaf- en ankersystemen te ontwerpen voor toepassingen onder water. Het mechanisme gebruikt de principes die aan onderzoek van de zwaardschede zijn ontleend – het medium zo goed mogelijk benutten en de benodigde energie verminderen met slim gebruik van kracht met hetzelfde resultaat.

◀ Olieplatforms gebruiken zeer kostbare graaf- en ankersystemen die mariene wezens zoals de borstelworm en het scheermes van nature toepassen.

MARIENE BIOLOGIE, NEPTUNUS' SCHATKAMER

De weg vinden

De intensiteit van licht en de kleurverzadiging vervagen naarmate je dieper in de oceaan komt, zoals snorkelaars en duikers weten. Om deze veranderingen in visuele informatie te compenseren hebben waterorganismen unieke waarnemingssystemen ontwikkeld – en een tactiek om te voorkomen dat het ene schepsel het andere waarneemt.

De slangster gebruikt fotokristallen van calciet als lichtgeleiders en perfecte lenzen die een beeld projecteren op zintuigcellen. Die informeren de ster over de schaduw van een potentieel roofdier, zodat hij met zijn flexibele armen naar een veilige schuilplaats kan bewegen. Het mechanisme dat deze lenzen produceert, inspireerde tot de nanosjabloon voor fotonische technologie. Om meer licht te verzamelen in de donkere omgeving van de diepzee is het gesteelde oog van de kreeft voorzien van kleine

◀ Het oog van een kreeft met zijn panoramisch gezichtsveld was de inspiratie voor een nieuw soort beelddetectoren.

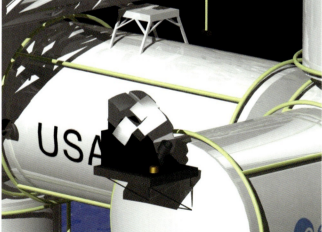

▲ De Lobster-ISS, bevestigd op het International Space Station, heeft zes detectormodules, die elk in een andere richting wijzen.

DE WEG VINDEN

◀ Het verbazingwekkende vermogen van de inktvis zeer verschillende kleuren aan te nemen heeft geleid tot nieuwe innovaties in schermtechnologie met grotere helderheid.

vierkante kanaaltjes die spiegelende oppervlakken gebruiken om het licht te concentreren, zodat er meer signaal binnenkomt. Dit facetoog zorgt voor een panoramische blik en leidde tot het ontwerp van een telescoop die aan de gehele nachtelijke hemel kleine bewegingen van hemellichamen registreert. Voor organismen met grote lenzen, zoals zoogdieren, dient het omringende water om aberraties in bolle lenzen te corrigeren. Om ons gezichtsvermogen bij te stellen hebben we nu brillen met aanpasbare lenskamers die gevuld zijn met brekingsvloeistoffen.

NU ZIE JE ME
Om roofdieren die hun visuele systeem kunnen versterken te slim af te zijn, kunnen prooien in zee zichzelf camoufleren. De inktvis kan voor onze ogen verdwijnen door van vorm en kleur te veranderen. Een aantal kleurlagen geeft hem een spectaculair kleurenpalet. De oppervlaktelaag bevat chromatoforen waarin pigmentkleuren veranderen met de huiddiepte. Aan het oppervlak zit geel, vervolgens komt rood en dan bruin dieper in de huid. Elke kleur is een afzonderlijke chromatoor. Neuronen regelen grootte en vorm van deze pigmentcellen. Als de cel uitdijt, is de kleur te zien; als hij kleiner wordt, verdwijnt de kleur. Naast de chromatoforen zitten platte bloedplaatjes, 'iridoforen', met iridosomen die iriserende metalliekgroene of -blauwe kleuren produceren, wat de glans van de bovenliggende pigmenten versterkt. Onder deze laag in de lederhuid zitten de leukoforen. Die bevatten doorschijnende reflecterende eiwitkorrels met een hoge brekingsindex die alle golflengten reflecteren en als breedbandreflector werken. Op die manier kan de inktvis in zijn omgeving opgaan.

Een belangrijk kenmerk van cefalopoden (inktvissen en octopussen) is de ruimte tussen eiwitlagen. De variaties in tussenruimte zijn gelijk aan de golflengten van licht (enkele honderden nanometers) en kunnen dan ook licht afbuigen, waardoor kleuren veranderen. Ontwerpen voor lichtgevoelige sensoren ontlenen inspiratie aan de tussenruimten van deze eiwitlagen. Optische gassensoren nemen in een ruimte van enkele nanometers dik dampen waar. Die zorgen voor een kleurverandering die afhankelijk is van het oplosmiddel of het gas. De lagen reflecteren licht en laten het door, zodat vele kleuren mogelijk zijn. Kleurwijziging bij inktvissen heeft geïnspireerd tot het mechanisme waarmee helderder schermtechnologie mogelijk is geworden; de tussenruimte kan worden aangepast aan het voltage. Het gemak waarmee kleuren zijn af te stemmen door het voltage te variëren, maakt vele toepassingen mogelijk voor deze bio-geïnspireerde uitvinding.

MARIENE BIOLOGIE, NEPTUNUS' SCHATKAMER

Voel de stroom

Omdat de beschikbaarheid van bruikbaar licht afneemt met diepte, is waarneming op basis van licht misschien niet de handigste sensorische modaliteit om in diepe zeeën rond te trekken. Dieren die diep in de oceaan leven, hebben dan ook andere methoden ontwikkeld om vast te stellen wat er om ze heen gebeurt.

Uit studies van stroomdetectie blijkt dat onderzeese organismen mechanische sensorreeksen hebben die uiterst gevoelig zijn voor fijnschalige stromingen. Broze, uit chitine bestaande borstelharen langs de lange antennulen van de microscopisch kleine roeipootkreeft zitten maar tientallen micrometer van elkaar. Zulke dicht opeengepakte sensoren kunnen zeer kleinschalige snelheidsveranderingen vergelijken. Die kleine verstoringen in een stroom komen voor rondom plaqueafzettingen in bloedvaten. Een potentiële medische toepassing van deze biotechnologie is een registrerende microrobot die deze oneffenheden waarneemt en ter plaatse plaqueoplossend medicijn achterlaat. De fijne zijlijn of neuromast van een vis heeft een zelfde soort gevoeligheid als die van de roeipootkreeft en deze sensor is technologisch nagebootst.

De roeipootkreeft vertrouwt op de viscositeit van de vloeistof om kleinschalige wervelingen weg te nemen, zodat ruis en achtergrondstoring worden uitgefilterd. De vis is groter en beweegt sneller en vindt een andere oplossing. De haarachtige sensoren, even groot als de sensoren op de roeipootkreeft, zitten in een met vloeistof gevuld kanaal, de zijlijn. Bovendien zijn de haren van de neuromast – de verzameling trilhaartjes die de stroomsensoren van vissen vormen – bedekt met een gelachtige matrix of cupula die hoogfrequente stromen filtert die niet

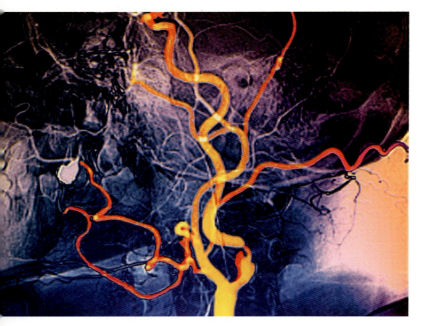

◀ Plaque in aders is wellicht ooit te vinden met apparatuur op basis van roeipootkreeftsensoren.

▲ De haartjes op de eerste antennes van dat veel bestudeerde microschaaldier, de roeipootkreeft, nemen kleine waterstromen waar.

▼ Blauwe krabben hebben geursensoren op hun poten en antennes, waarmee ze geurpluimen kunnen volgen.

▶ Snelzwemmende vissen hebben hun neuromasten (stroomsensoren) binnen het kanaalsysteem van de zijlijn.

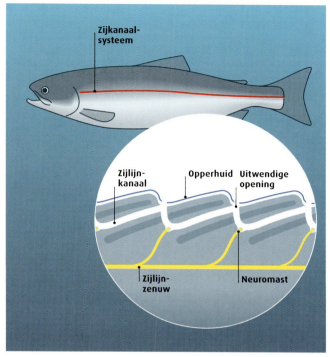

op een prooi, roofdier of partner wijzen. Bij de bouw van een kunstmatige stroomsensor voor zelfnavigerende autonome onderwatervoertuigen heeft men een glycoproteïnehydrogel geproduceerd met dezelfde materiële eigenschappen als de viscupula. Deze vergrootte de weerstand van de kunstmatige cupula, wat beweging van veel lagere stroomsnelheden veroorzaakte en het signaal versterkte, zodat de afstand van bron tot sensor groter werd.

DE GEUR VOLGEN

Een andere belangrijke sensorische modaliteit onder water is geurdetectie. Hier kijken we naar de blauwe krab voor biologische inspiratie. De krab biedt een ingenieus model voor het volgen van een geurpluim. Hij is uitgerust met sensoren op zijn antennes en poten die zijn reikwijdte vergroten. Het grote voordeel van dit sensorische systeem is dat de antennes boven de grenslaag tasten naar krachtige signalen, terwijl de poten geuren op de bodem waarnemen.

Wetenschappers hebben de gedragsstrategieën van dieren verwerkt in de programma-architectuur van kunstmatige algoritmen waarmee robots geurpluimen volgen. Het programma dat bijvoorbeeld wordt gebruikt om aquatische chemische pluimen te volgen, laat de robot door de stroom heen en weer gaan op zoek naar geur. De omschakeling tussen het volgen en het zoeken van een pluim is een algemeen kenmerk van dieren die turbulente chemische pluimen volgen, en is een manier om op de intermitterende structuur van deze signalen te reageren. Lange perioden van afwezigheid van signaal kunnen erop wijzen dat de zoeker het contact kwijt is, zodat hij omschakelt van het volgen van de geur naar het zigzaggend zoeken naar de pluim. De strategieën van dieren zijn door de evolutie verbeterd om effectiever met variaties in signalen om te gaan. Kennis van wat het dier doet, heeft geleid tot algoritmen die zelfs in deze onvoorspelbare omstandigheden kunnen werken.

MARIENE BIOLOGIE, NEPTUNUS' SCHATKAMER

Onbeweeglijke wezens

Miljoenen jaren geleden, toen landroofdieren hun selectieve druk uitoefenden op prooien die niet van de grond konden loskomen, wisten enkele organismen te ontkomen en een nieuwe niche te openen. Dit waren de gekko's, vliegen, spinnen en kevers, die bijzondere vermogens ontwikkelden om zich aan allerlei oppervlakken te hechten.

De gekko kleeft vrijwel moeiteloos aan gladde stenen en overhangende takken, zonder ooit kleefkracht te verliezen. Zijn poten blijven schoon. Hoe kan dat?

Analyses van de nanostructuren van hagedissen en insecten onthullen een eenvoudige maar onverwachte oplossing. Door convergente evolutie stelden spatelachtige nanostructuren deze organismen in staat zich aan oppervlakken te hechten. Door de kleine borstelhaartjes op te splitsen voor maximale dichtheid op het oppervlak, ontdekte men dat geometrie het centrale ontwerpprincipe is in de evolutie van klevende borstelhaartjes. De kleefkracht is proportioneel met de lineaire dimensie van het contact. In plaats van opperhuidstructuren te bedekken met een speciale chemische laag, gebruiken hagedissen en insecten subatomaire energieën, 'vanderwaalskrachten'. Die worden geproduceerd door de keratineuze of chitineuze borstelhaartjes van hagedissen of insecten. Voor het empodium van een vlieg (een kleverig hechtorgaan aan het eind van de poten) zijn 10^3 of 10^4 borstel-

◀ De schone voeten van de gekko kunnen op elk glad oppervlak hechten dankzij dichte haarachtige setae.

◀ Baardmosselen gebruiken klevende eiwitten waarmee ze zich aan glibberige rotsen onder water kunnen hechten.

haartjes nodig om de nodige kracht te geven. Bij een groter aantal haartjes kunnen grotere organismen de kleefeigenschappen benutten en omhoogklimmen om te ontsnappen aan grondgebonden roofdieren. Dit elegante voorbeeld van hiërarchische techniek herhaalt een van de belangrijke lessen van de biologie: het gebruik van de grote som van kleine krachten voor een macroscopisch resultaat.

HECHTING IN NATTE OMGEVINGEN

Een soortgelijk evolutionair probleem is in zee opgelost. Baardmosselen houden zich vast aan de rand van gladde natte rotsen. Slechts weinig roofdieren zouden de kracht van oceaangolven kunnen weerstaan om de smakelijke weekdieren te vangen. Hoe komt het dat ze niet door het water worden meegenomen en hoe kunnen deze ongewervelden het ene natte oppervlak aan het andere kleven? Ze hebben geen zuigorganen en ook geen klauwen. Ze gebruiken een nieuw kleefmiddel, L-DOPA genoemd, en hydroxyprolinecomposiet van eiwitten. Deze kleverige eiwitten worden door het voetorgaan afgescheiden in de baardgroeve en vormen dan de draad die de mossel (*Mytilus edulis*) hecht aan de rotsen.

Met deze sjabloon voor baarddraad en plaquevorming zou de reactieve geoxideerde vorm van DOPA, quinon, de vochtwerende eigenschap van onderwaterhechting bieden. De draad die aan de distale verbinding met de rots is gehecht, is even sterk als de pees van een gewerveld dier, maar drie tot vijf keer meer uitrekbaar. De kracht die nodig is om DOPA te scheiden van een oxideoppervlak bedraagt -800 pN, de hoogst waargenomen kracht voor een omkeerbare interactie tussen een klein molecuul en een oppervlak.

GEKKEL: COMBINATIE VAN DROGE EN NATTE HECHTINGSEIGENSCHAPPEN

Kunnen mensen leren van deze ingenieuze oplossingen die al miljoenen jaren goed werken voor gekko's en mosselen? In 2002 telde biomedisch ingenieur Phillip Messersmith twee en twee bij elkaar op. De vierpotige en de tweekleppige vormden de basis van een gecombineerde oplossing, wat de natuur niet gemakkelijk zou kunnen omdat het twee niet-verwante groepen dieren betreft. Mensen konden het omdat ze de principes kenden. De gecombineerde droge

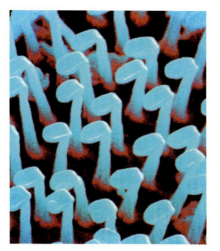 

▲ Deze blauwe haakachtige structuren zijn de klevende setae (haartjes) aan het eind van de poot van een vlieg. Deze klevende structuur komt overeen met die van de kleverige zaadachtige klit die de wetenschapper George de Mestral inspireerde tot de uitvinding van het materiaal rechts, dat bekend is als Velcro© (klittenband).

kleefeigenschappen van de gekko en de natte van de mossel leidde tot 'gekkel' – een sterke, maar omkeerbare nat/droge hechting met eigenschapen die bestaande materialen niet hebben. Dat vergde heel wat nanomodellering voor de polymere voetafdruk en chemische techniek voor de laag van omkeerbare lijm. Het resultaat was een biogeïnspireerd materiaal waarmee chirurgen de twee natte kanten van doorgesneden weefsel konden hechten.

Om flexibiliteit aan ruwe oppervlakken aan te passen werd polyelastomeer (dimethylsiloxaan) (PDMS) gebruikt in de microfabricage van de pilarenreeks om de voethaartjes van de gekko na te bootsen. Dit oppervlak met nanostructuur bleek essentieel te zijn voor het kleefgedrag van de gekkel. De pilaren zijn bekleed met een klevend proteïnemimetisch polymeer met een organische laag van catechinen, een belangrijke component van natte klevende eiwitten in hechtorganen van mosselen. Dit maakte de hechting bijna vijftien keer zo groot. Het systeem bleek in staat zijn kleefkracht gedurende meer dan duizend cyclussen te behouden, zowel in een droge als een natte omgeving.

MARIENE BIOLOGIE, NEPTUNUS' SCHATKAMER

Brandschoon

Hebt u ooit een vuile dolfijn of een vies koraal gezien? Misschien kan de dolfijn door het zand rollen om zich van lifters te ontdoen, maar koralen kunnen dat niet. Hoe houden deze zeewezens hun huid zo schoon? Wat kunnen we van de onderwaterwereld leren over het schoonhouden van oppervlakken?

Sommige schaaldieren schudden inderdaad hun aangekorste buitenlaag af en vervangen hem door een schone als ze hem afwerpen om te groeien en zich van epibionten of oppervlakteparasieten te ontdoen. Koralen kunnen grote hoeveelheden energievretend slijm produceren dat aanslag weert en kolonisten afwerpt. Andere organismen zoals decapoden kammen hun huid schoon. Haaien houden hun gladde pak schoon met microtexturen die voorkomen dat gameten en kolonisten groter dan de spleten in het huidoppervlak zich erop vestigen. De schone kelp heeft de inspiratie geboden voor een mogelijke medische doorbraak. In plaats van de vestiging van parasieten te verstoren door oppervlaktetopologie of door de oude laag te vervangen door een schone nieuwe laag, produceert kelp een chemische stof die het gedrag van biofilmvormende bacteriën verstoort. De neiging van bacteriën om deze films op oppervlakken in ziekenhuizen of op het menselijk lichaam te vormen, maakt ze erg gevaarlijk en kelp biedt een ingenieuze oplossing.

KRACHT IN AANTAL

Biofilmvorming hangt af van het vermogen van bacteriën om elkaars aanwezigheid op te merken. Deze bacteriën 'praten' met elkaar door middel van quorum sensing, waarbij chemicaliën die door buren worden vrijgemaakt een reeks reacties in een bacteriële cel opwekken die voor biofilms nodig zijn. Op die manier ondergaat een bacteriële cel deze veranderingen alleen als de omringende bacteriële populatie geschikt en groot genoeg is. Zelfs in de overvloed van de zee (een bacteriële soep als geen

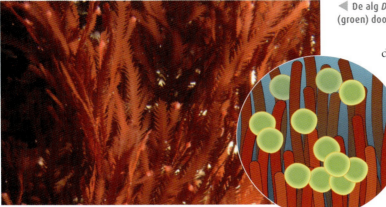

◀ De alg *Delisea pulchra* vermijdt besmetting met bacteriën (groen) door de boodschappen die ze zenden te vervormen.

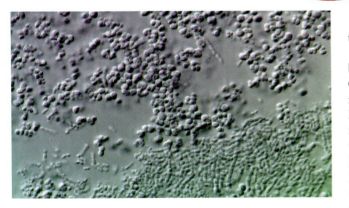

◀ De schone kelp scheidt een chemische stof af om parasieten en bacteriën af te schrikken.

▲ *Delisea pulchra* imiteert een biofilmsignaal om bacteriën te misleiden en te ontwijken.

de evolutie van misleidende signalen. Kelp heeft het signaleringssysteem van de bacterie afgekeken en de sleutel tot quorum sensing nagebootst. De bacteriën kunnen deze boodschap niet negeren omdat die dezelfde is die ze voor de vorming van kolonies nodig hebben. Daarom gebruiken de bacteriën dit signaal voor kolonies in ziekenhuizen, maar kunnen ze de film niet op kelp vormen. Dit heeft voor een nieuwe manier gezorgd om bacteriën te bestrijden. De vorming van biofilms wordt onderdrukt, zonder dat zich resistente bacteriën ontwikkelen, iets wat ons tot nu toe met geen enkele generatie van antibiotica is gelukt.

andere) zitten maar weinig bacteriële films de rode alg *Delisea pulchra* dwars. *Delisea pulchra* produceert een secundaire metaboliet die bacteriële kolonisatie verhindert door in de celsignalering in te grijpen. In plaats van de microben te doden verstoren deze chemicaliën de essentiële boodschap van de bacteriekolonies. De verbindingen bootsen de structuur van het biofilmsignaal na, maar niet het antwoord. Bacteriën kunnen zich niet verdedigen door weerstand tegen deze oneerlijke boodschap te ontwikkelen, omdat dit de eigen overlevingsstrategie van de bacterie zou belemmeren. Dit is net als camouflage een voorbeeld van

EEN KLEVERIG PROBLEEM?

Om te blijven zoeken naar inspiratie door de natuur kunnen we een tegengestelde functie van reinheid overwegen, kleverigheid. Daarvoor is het hechtingssysteem van mosselen opnieuw bekeken. Dopamine is de belangrijkste verbinding waarmee de mossel zich op rotsen hecht. Nieuwe vuilwerende coatingformules met dopamine konden kolonisatie en hechting van de filmvormende diatomee *Navicula perminuta* en van de alg *Ulva linza* voorkomen. Deze coating, die een geheim van de mossel leent, deed het in tests beter dan onze standaard siliconencoating. Het probleem is typerend voor als we proberen biologische principes te vertalen in een bruikbaar technisch ontwerp; is deze methode om de kleppen schoon te houden van algen op te schalen naar het schoonhouden van een grote scheepsromp? Het onderzoek naar deze vraag is nog gaande.

▶ De zelfreiniging van zeewezens kan inspireren tot manieren om boten en schepen schoon te houden.

MARIENE BIOLOGIE, NEPTUNUS' SCHATKAMER

Afgestemd op de kracht van de zee

Keer je rug nooit naar de zee. Hoe vaak krijgen zwemmers niet deze waarschuwing, zodat ze niet worden meegesleurd door de kracht die in een golf zit? Zoals zwemmers heel goed weten, hebben veel waterwezens een manier gevonden om in de branding te leven en de inwerking van die kracht te weerstaan.

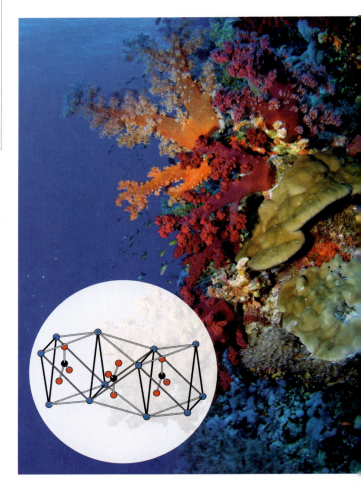

Veel mariene biomaterialen zijn afgeleid van mineralen die aan zeewater zijn onttrokken en in een precieze structuur gerangschikt. Omdat ze alleen biologisch verenigbare bestanddelen bevatten, worden enkele materie-eigenschappen duidelijk. Gelijksoortige materialen worden gebruikt voor verschillende functies en andersoortige materialen verrichten dezelfde functies. Sterke structuren worden opgebouwd met behulp van ter plaatse aan te passen constructietechnieken. Kan de mens dat evenaren?

ONDERWATERCHEMICI

Neem $CaCO_3$, het biomineraal van de abalone (zeeoor) en koraal. Om dat uit zeewater te halen pompen koralen protonen uit een kleine verkalkende ruimte die wordt gevuld met zeewater, waardoor de pH stijgt. Dit zet de opgeloste anorganische koolstof in de verkalkende ruimte om in carbonaationen, waardoor de verzadigingstoestand (ionenproduct Ca x CO_3) toeneemt. Als de verzadigingstoestand voldoende is gestegen, slaat aragoniet neer. De abalone creëert een stootbestendige schaal van 95 procent

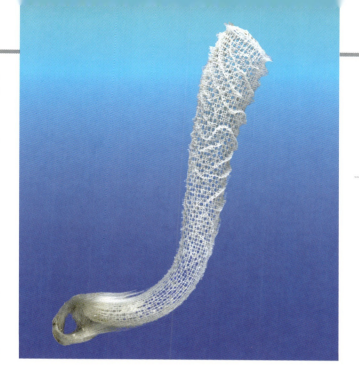

De biosilica stekels van deze glasspons kanaliseren licht en hebben hetzelfde ontwerp dat in vezeloptische communicatie wordt gebruikt.

calciumcarbonaat-'tegels'. De overige 5 procent is een eiwitkleefstof. Stootkrachten verspreiden zich over de lagen, scheurvoortplanting wordt beperkt door overlappende tegels en barsten worden gerepareerd door ze op te vullen.

KLEINSCHALIGE WONDEREN

Met hetzelfde calciet maakt de slangster een optisch perfecte biolens. Over zijn hele lichaam heeft hij een reeks dubbele lenzen die sferische aberratie en dubbele breking (het in tweeën splitsen van een lichtstraal) voorkomen. Zulke biokristallisatie is in processen voor de vorming van micropatronen gebruikt. In glassponzen worden lichtgeleiders gemaakt van spicula of stekels van biosilica. Het ontwerp van de stekels wordt in vezeloptische telecommunicatie gebruikt als bekleding om een binnenkern. Hier bestaat de kern uit materiaal met een hoge brekingsindex: in natrium gedoopte silica in een bekleding met een lagere brekingsindex. De golfgeleider kanaliseert licht in de vezel en hij wordt begrensd door het oppervlak aan de buitenkant. Silicastekels kunnen licht uit verschillende richtingen opvangen en uit structuuranalyses blijken er zeven hiërarchische niveaus van sponsglas te zijn, met zeven orden van grootte (50 nm-50 cm). De gelamineerde structuur en het organische materiaal met tussenruimten bevorderen de omleiding van breuken. Deze kenmerken zorgen voor een hoge mechanische stabiliteit zodat de glazen stekels in een specifiek kader extra breukweerstand bieden tegen de krachten die de spons ondergaat.

Diatomeeën mineraliseren biosilica en worden als een van de begaafdste natuurlijke nanotechnologen beschouwd.

Het zijn kleine eencellige organismen die 20 procent van de organische koolstof ter wereld produceren door fotosynthese. De glazige celwand van diatomeeën is een sterke, lichte mechanische structuur die amorfe silica bevat. Met genetische technieken probeert men diatomeeën te maken met nieuwe silicastructuren voor de synthese van anorganische materialen met een nanostructuur. Vormbehoudende reacties waarin silica wordt vervangen door andere materialen zoals magnesium, zetten hun nanostructuur om en maken de massaproductie van nanoapparatuur mogelijk voor sensoren, filters en optische roosters. De zee biedt al deze mogelijkheden.

◀ Het biomineraal van koraal is aragoniet ($CaCO_3$ - zie inzet). Dit taaie, maar lichte mineraal wordt bestudeerd om zijn weerstand tegen stootbelasting te kunnen nabootsen.

▶ Vezeloptische leidingen worden gemaakt van optisch zuiver glas en kunnen zo dun als een mensenhaar zijn. Ze kunnen lichtgolven over zeer grote afstanden transporteren.

MARIENE BIOLOGIE, NEPTUNUS' SCHATKAMER

Hard en zacht

Een stevige structuur is vaak een nuttige bescherming, maar ze kan inflexibel zijn en moeilijk te manoeuvreren. Soms kan ze beter zacht zijn. Het is nog beter over beide toestanden te beschikken. Sommige zeedieren, zoals de zeekomkommer en de slijmprik, hebben een manier gevonden om dat te bereiken.

De zeekomkommer kan door nauwe ruimten kruipen als hij zacht is, maar wordt hij bedreigd door roofdieren, dan ondergaat hij een faseovergang door water toe te voegen. De huid van de zeekomkommer bestaat uit een zeer fijn netwerk van collageen. In defensieve toestand geven omringende cellen moleculen vrij die de snorharen laten samenbinden, zodat ze een stijf schild vormen. De strakheid van de verbindingen tussen de collageenvezels bepaalt hoe stijf de huid dan is. Het zenuwstelsel regelt dit.

◀ De zeekomkommer is zacht genoeg om in nauwe ruimten te kruipen, maar bij gevaar of dreiging wordt zijn huid hard.

▲ Een zacht kogelwerend vest dat tijdens een gevecht hard wordt, is misschien mogelijk door bestudering van de zeekomkommer.

▶ De slijmprik heeft slijmklieren die grote hoeveelheden draderig slijm kunnen afscheiden als hij wordt bedreigd of aangevallen of gestrest is.

In ontspannen toestand geven andere cellen eiwitten vrij die de vezels losmaken en de huid plooibaar maken.

Biologisch geïnspireerde toepassingen zijn onder andere mechanisch adaptieve micro-elektroden voor hersenimplantaten, bijvoorbeeld bij de ziekte van Parkinson, beroerten en ruggengraatletsel. Het implantaat moet stijf zijn als het wordt ingebracht en zich ontspannen als het in contact komt met hersenvloeistoffen. Wetenschappers hebben een chemoresponsieve, mechanisch adaptieve polymere substantie ontwikkeld die als de huid van de zeekomkommer werkt. De cellulosenanovezels – met het rubberen polymeer ethyleen oxide-epichlorohydrine – vormt een stijf netwerk. Door de aard van de banden tussen het polymeer en de vezels kan water in het corticale weefsel tussen de twee substanties komen, wat de hechting van de vezels verzwakt. Het materiaal wordt dan zacht, zodat het zich naar de omgeving kan vormen. Een andere biologisch geïnspireerde toepassing kan bijvoorbeeld een kogelwerend vest zijn dat hard wordt als een soldaat de strijd aangaat, maar comfortabeler zit als het gevaar geweken is.

EEN SLIJMERIGE KLANT

Voor iets zachters kunnen we naar het slijm van de slijmprik kijken. Dit zit vol tussenliggende vezels (*intermediate filaments*, IF's): intracellulaire structurele eiwitten die belangrijke bestanddelen van het cytoskelet zijn, en ook van huid, haar, vacht, nagel, klauw, hoef en hoorn. Slijmprikken zijn de enige bekende dieren die IF's uitwendig afscheiden in hun defensieve slijm. Het slijm zit vol water, dat eruit loopt als de kleverige massa wordt opgepakt. Dit superabsorberende materiaal kan 260.000 keer zijn eigen gewicht aan water opnemen. Het geheim zit in de ruimte-innemende vezels. In de afscheidingsklier worden de vezels opgewonden tot strakke draden die uit elkaar vallen als eraan wordt getrokken. Water wordt vastgehouden omdat de vezelige massa poriën heeft die de waterstroom beperken, vergelijkbaar met viscositeit. Terwijl het roofdier van de slijmprik stikt als hij in het slijm terechtkomt, kan de slijmprik zijn lichaam in een knoop draaien en de knoop langs zijn lichaam laten glijden om zich van het afgescheiden slijm te ontdoen en aan het roofdier te ontsnappen. Als IF's de kieuwen van een vis kunnen verstoppen, wat kunnen ze dan nog meer verstoppen en verzegelen?

Het slijm van de slijmprik is anders dan andere slijmen, want het bevat niet alleen mucineachtige moleculen, maar ook een vezelig bestanddeel van IF's met een uitzonderlijk lage elasticiteit. Vanwege de elastische eigenschappen van deze IF's gedragen ze zich als rubberen stroken op nanoschaal die volledig kunnen herstellen van uitrekkingen tot 35 procent. Daarna beginnen de spiraalwindingen zich te strekken en vormen ze stabiele lagen van kristallen met naburige eiwitstrengen, die het pas laten afweten bij uitrekkingen van meer dan 200 procent, zodat ze bij hun breekpunt veel stijver zijn dan bij geringe uitrekkingen. De hardheid varieert met de hoeveelheid water die het slijm verzadigt. IF's worden gebruikt in allerlei biomaterialen zoals zachte cytoplasmatische gels, rubberachtige elastische elementen en stijve, vezelige, harde alfakeratinen.

DE VOORDELEN VAN SAMENWERKING

Functionele analyse van problemen en analogische vergelijking met natuurlijke bronnen zijn belangrijke stappen in het proces van biologisch geïnspireerd ontwerp, een interdisciplinair streven van biologen en ingenieurs om nieuwe en oude problemen op te lossen.

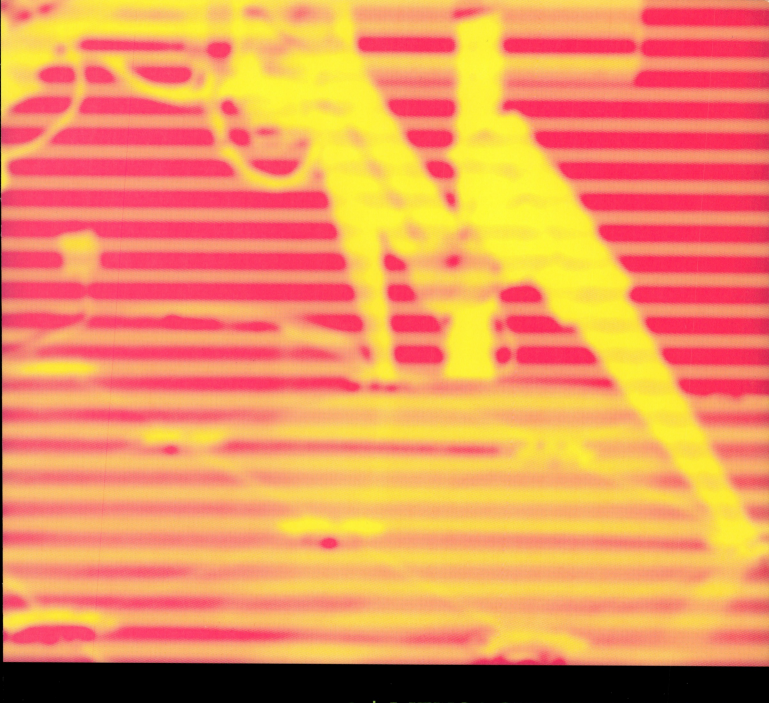

2 | MENSACHTIGE ROBOTS

MENSACHTIGE ROBOTS

Inleiding

In miljarden jaren van evolutie heeft de natuur trial-and-error-experimenten gedaan binnen de wetten van de natuurkunde, scheikunde, materiaalwetenschap en techniek. Het resultaat van deze experimenten is de overvloed van fascinerende wezens op aarde – inclusief ons, de menselijke soort.

Mensen hebben er altijd naar gestreefd menselijke gelijkenis, capaciteiten en intelligentie na te bootsen en in te passen in kunst en technologie. De wens machines te bouwen die het uiterlijk en het gedrag van biologische mensen vertonen en allerlei functies net zo efficiënt als mensen kunnen verrichten, is een van de grootste uitdagingen.

Door de vooruitgang in computertechnologie, synthetische materialen, kunstmatige intelligentie, rechtstreekse beeldvorming en spraakherkenning wordt het steeds meer mogelijk levensechte robots te bouwen die sterk op mensen lijken. Er worden robots ontwikkeld die met hun spraak en gezicht emoties uitdrukken en emotioneel reageren, en indrukwekkende vermogens en raffinement bezitten. Elektronactieve polymeren (EAP's), ook bekend als 'kunstmatige spieren', zijn veelbelovend voor de ontwikkeling van biologisch geïnspireerde mechanismen.

In dit hoofdstuk kijken we naar enkele van de eerste robots die op mensen lijken en naar de inspiratiebron daarvoor. Dan concentreren we ons op de huidige stand van zaken, de verschillende soorten robots, de uitdagingen, de mogelijke invloed van mensachtige robots op onze samenleving en de ethische kwesties die verband houden met de ontwikkeling en het gebruik van robots die op mensen lijken. Daarbij gebruiken we twee begrippen voor verschillende soorten robots: 'mensachtige robots' en 'humanoïden'.

▲ Wie is de robot? De Chinese robotdeskundige Zou Renti zit links en zijn kloonrobot zit rechts. Deze mensachtige robot is een van de beste pogingen tot nu toe een kopie van het uiterlijk van een mens te maken, maar hij is allesbehalve representatief voor de meest verfijnde robots die op dit moment zijn ontwikkeld.

MENSACHTIGE ROBOTS

Deze robots zijn ontworpen om zo goed mogelijk op mensen te lijken. Er wordt gestreefd naar een exacte kopie van uiterlijk en gedrag van mensen. Robotwetenschappers die zulke robots bouwen, komen meestal uit Japan, Korea en China, soms uit de Verenigde Staten.

HUMANOÏDEN

Humanoïden zijn robots met een min of meer menselijk uiterlijk, met een hoofd, armen en soms benen en ogen. Het zijn duidelijk machines en het hoofd heeft vaak geen trekken of heeft de vorm van een helm. Het is gemakkelijker humanoïde robots te bouwen omdat ze niet de complexiteiten van volledig mensachtige machines hoeven te hebben.

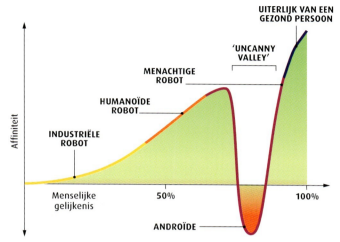

▲ Volgens robotdeskundige Masahiro Mori zal de acceptatie van mensachtige robots dalen, enige tijd nadat ze een menselijk uiterlijk hebben gekregen, maar weer stijgen als de gelijkenis heel treffend wordt.

ANGST EN WALGING

Het is te verwachten dat verbeteringen in de capaciteiten en inzetbaarheid van mensachtige robots zullen leiden tot hun gebruik als industriële en huishoudelijke apparaten. Mensachtige machines kunnen echter angst en weerzin oproepen. De Japanse robotspecialist Masahiro Mori stelt dat, naarmate de gelijkenis tussen robots en mensen toeneemt, mensen in eerste instantie enthousiast zullen reageren. Als die gelijkenis erg groot wordt, zal ze afwijzing en weerzin opwekken. Pas als de gelijkenis een zeer hoog niveau bereikt, zal de reactie weer positiever worden. In een grafische weergave van de reactie op mensachtige robots is het negatieve gevoel duidelijk zichtbaar als een piek in antipathie, het zogeheten 'dal' (*uncanny valley*). Er is ook kritiek op 'de theorie van het dal' omdat die nooit is bewezen in een geloofwaardig experiment.

◄ Een voorbeeld van een humanoïde robot. Hij heeft ruwweg een menselijk uiterlijk, met een hoofd, romp, armen en benen, maar toch lijkt hij meer op een machine. Deze robot heet de REEM_A en wordt gemaakt door Pal Robotics in Spanje.

MENSACHTIGE ROBOTS

Historisch overzicht

Het Groot woordenboek van de Nederlandse taal *van Van Dale definieert het woord 'robot' als 'een mechanisme dat min of meer de gedaante van een mens heeft en bewegingen, verrichtingen of arbeid kan uitvoeren'. Waar is nu de inspiratie voor deze mechanismen ontstaan en wie bepaalde dat ze 'robots' zouden worden genoemd?*

De eerste keer dat het woord 'robot' werd gebruikt, was in 1921, in het toneelstuk *R.U.R.* (*Rossum's Universal Robots*) van de Tsjechische auteur Karel Čapek. Het woord was een vertaling van het Tsjechische *robota*, 'dwangarbeid', 'zwaar werk' of 'slavernij'. De betekenis van het woord is steeds meer verschoven naar intelligente mechanismen met een biologisch geïnspireerde vorm en dito functies, met daarbij mensachtige trekken.

MENSACHTIGE MACHINES BEDENKEN

Mensachtige machines werden al bedacht door de oude Grieken, wier god van de smeedkunst, Hephaestus, zijn eigen mechanische helpers creëerde in de vorm van sterke, pratende en intelligente arbeiders. Een recenter concept was de golem, een dienaar van klei die vanaf de zestiende eeuw in Joodse legenden werd beschreven. De mensachtige creatie van Mary Shelley in haar roman *Frankenstein* (1818) was een monster dat de wetenschapper Victor Frankenstein uit lichaamsdelen van een mens had opgebouwd en tot leven had gebracht. De verhalen over de golem en

▲ In dit marmerreliëf staat de Griekse god van de smeedkunst, Hephaestus, met zijn knechten de wapenrusting van Achilles te smeden. Dat versterkt het idee dat robots zwaar werk doen.

Frankenstein beschrijven allebei de bouw van een wezen dat een levend mens imiteert, maar met gewelddadige en verwoestende gevolgen. Het gedrag van deze twee mensachtige creaties wijst erop dat het gevaarlijk kan zijn als er mensachtige vormen worden gecreëerd die de vrijheid krijgen zelfstandig te handelen.

DA VINCI-DESIGN

Vermoedelijk was Leonardo da Vinci in 1495 de eerste die een schets of plan maakte om een mensachtige machine te bouwen. Hij ontwierp een mechanische ridder, die nu bekend is als 'Leonardo's robot'. Het concept van Leonardo

HISTORISCH OVERZICHT

▲ Mary Shelley (1797-1851) publiceerde haar roman *Frankenstein, of de moderne Prometheus* toen ze 21 was. Het gaat over een jonge wetenschapper die een mens creëert, maar hem later afwijst als monster.

▲ Een scène uit een Britse televisieproductie van *R.U.R. (Rossum's Universal Robots)*. Door dit sciencefictionstuk kwam de term 'robot' in veel talen terecht.

lijkt in zoverre op moderne robots dat er een biologisch geïnspireerd mechanisme werd ontworpen dat de beweging van een mens nabootste. De machine kon rechtop zitten, zijn benen buigen, zijn hoofd bewegen en zijn kaken openen en sluiten. Een mechanisme in de borst regelde de armbewegingen, een externe krukas bewoog de benen.

DE EERSTE ROBOTS

De Franse ingenieur en uitvinder Jacques de Vaucanson is de eerste die een fysieke machine bouwde die leek op en werkte als een mens. Hij zette in 1737 een levensgrote mechanische muziekrobot in elkaar, de 'Fluitspeler'.

Een ander beroemd vroeg voorbeeld van een robot was 'De Schrijver', in 1772 gebouwd door de Zwitserse klokkenbouwer Pierre Jacquet-Droz. Deze mensachtige machine werkte als een jongen die aan zijn bureau zat te schrijven, en kon op verzoek een tekst tot veertig letters lang schrijven.

Dit was een tijd waarin veel kunstenaars met technisch talent mechanismen probeerden te maken die het uiterlijk en de beweging van een mens imiteerden. Helaas hadden ze in die tijd niet de actuatoren die we nu hebben, en dus gebruikten ze mechanismen met veren. Als ze motoren en de besturingsvermogens hadden gehad die wij nu hebben, hadden ze wellicht een mensachtige robot kunnen bouwen.

MENSACHTIGE ROBOTS

De mensachtige machines van nu

In termen van moderne bionica is een robot een elektromechanische machine met bionische componenten en bewegingskenmerken die voorwerpen kan manipuleren en zijn omgeving kan waarnemen. Hij moet ook een zekere mate van intelligentie hebben en dan komt het sleutelconcept kunstmatige intelligentie erbij.

Het gebruik van kunstmatige intelligentie om de 'hersenen' van de robot te creëren is de sleutel tot de capaciteiten van een robot. Daarmee zijn 'slimme robots' te creëren. Kunstmatige intelligentie is mogelijk geworden door krachtige miniatuurcomputers. Het tijdperk van de digitale computers begon in 1946 met de ENIAC-computer, de eerste grote elektronische digitale computer voor algemene doeleinden. In 1952 opperde de wiskundige Alan Turing voor het eerst de mogelijkheid machines te bouwen die konden denken en leren. Met zijn idee baande hij de weg voor levensechte robots.

◀ In 1950 beschreef de Britse wiskundige Alan Turing (1912-1954) de eerste computer (een Turing-machine) in wiskundige termen. Nog steeds wordt de intelligentie van machines met de 'Turing-test' gemeten.

SNELLERE EN SLIMMERE ROBOTS

Vooruitgang in de ontwikkeling van krachtige microprocessors met een hoge rekensnelheid, een zeer groot geheugen, een grote bandbreedte in de communicatie en effectievere softwaretools maakte de eerste ontwikkeling van intelligente robots mogelijk. Door de huidige snelle verwerking van computercode en effectieve besturingsalgoritmen kunnen nu steeds verfijndere mensachtige systemen en robots worden ontworpen. Het is echter ingewikkeld een robot in natuurlijke omgevingen te laten werken. Er zijn zo veel onvoorspelbare obstakels dat het vrijwel onmogelijk is een robot voor elke voorzienbare omstandigheid te programmeren. De robot moet complexe situaties zelf kunnen aanpakken, zich aanpassen en van zijn ervaring leren. Om die verfijnde capaciteiten te ontwikkelen gebruiken onderzoekers naar kunstmatige intelligentie methoden die op de natuur zijn geïnspireerd en erdoor worden geleid.

GEZOND VERSTAND BIJBRENGEN

Een van de belangrijkste aspecten van een levensechte mensachtige robot is dat hij intelligent moet kunnen werken. Ook dit wordt door de natuur geleid, want geen enkel wezen kan overleven zonder een zekere intelligentie bij de aanpak van zijn omgeving en de gevaren die daarin schuilen. Om nuttig te zijn moet een robot een kunstmatig equivalent van menselijke intelligentie hebben.

LEVENSECHTE VEREISTEN

De snelle stappen die in de bouw van levensechte robots worden gedaan, zijn mogelijk dankzij allerlei technologieën in verschillende disciplines. Dat zijn:
- geavanceerde microprocessors
- effectieve autonome algoritmen (stelsel van regels)
- mensachtige materialen, zoals Frubber-huid
- bewegingssimulatoren
- sensoren om de zintuigen na te bootsen

Zelfs de software die in robots wordt gebruikt, lijkt steeds meer op de organisatie en functionaliteit van het menselijk centraal zenuwstelsel. Het helpt robots hun omgeving te interpreteren, erop te reageren en zich eraan aan te passen.

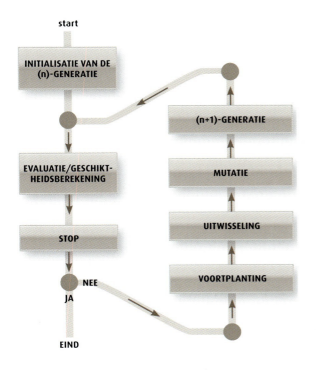

▲ Dit voorbeeld van een biologisch geïnspireerd genetisch algoritme laat zien hoe het evolutionaire proces van natuurlijke selectie is toe te passen op paren wiskundige combinaties om ongeschikte leden te verwijderen en nieuwe, meer belovende paren te produceren.

DE INTELLIGENTE ROBOT

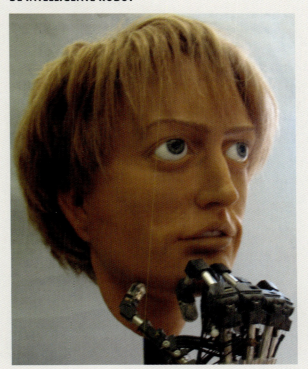

Intelligentie in een mensachtige robot aanbrengen vergt verfijnde algoritmen voor kunstmatige intelligentie. Het hoofd van deze robot is gemaakt door David Hanson en de hand door Graham Whiteley, beiden werkzaam in het Jet Propulsion Laboratory (JPL) van het California Institute of Technology.

Genetische algoritmen zijn een voorbeeld van zulke biologisch geïnspireerde systemen. Ze simuleren natuurlijke selectie waar een populatie van individuele wiskundige combinaties zich in de loop van de tijd ontwikkelt. Parencombinaties interacteren met elkaar en brengen combinaties als 'nageslacht' voort. Als ze goed werken, blijven ze behouden; ongeschikte leden worden uitgeschakeld. Aan het eind van het evolutionaire proces bestaat de populatie in het algemeen uit tamelijk goede combinaties.

MENSACHTIGE ROBOTS

De behoefte aan mensachtige robots

Robots doen hun intrede in onderwijs, gezondheidszorg, amusement, worden gebruikt als huishoudelijke hulp en in militaire toepassingen. Op dit moment zijn amusementsrobots het meest verbreid; mensachtige speelgoedrobots zijn alom verkrijgbaar. Een voorbeeld is de interactieve leermakker Zeno, een soort synthetische kameraad.

De filmindustrie is met wetenschappers gaan samenwerken om robotische personages realistischer te laten lijken en ze meer als mensen te laten bewegen. Robotonderzoekers werken steeds meer met kunstenaars samen om hun robots expressiever, geloofwaardiger en sympathieker te maken. Hoe meer we ons met mensachtige robots bezighouden, des te verfijnder en levensechter worden ze. Bovendien krijgen we daardoor meer inzicht in onszelf – wetenschappelijk, sociaal en ethisch.

▶ Zeno is een robotvriend en studiegenoot voor kinderen. Hij kan zich met een computer verbinden, lopen, praten en herkennen wie je bent. Zijn zachte gezicht vertoont ook emoties.

WAAR MENSEN NIET KUNNEN KOMEN

In de industrie worden robots gebruikt voor planetair of diepzeeonderzoek. Robots kunnen in gebieden doordringen die mensen niet kunnen bereiken, zoals plaatsen met gifgassen, radioactiviteit, gevaarlijke chemicaliën, schadelijke dampen, biologische gevaren of extreme temperaturen.

In deze situaties zijn robots te gebruiken om gevaarlijk afval op te ruimen, explosieven te verwijderen en reddingsoperaties uit te voeren. Om zelfstandig in deze omgeving te kunnen werken moet een robot zijn omgeving waarnemen, beslissingen nemen en complexe taken verrichten, net als een mens. De afgelopen jaren is enorm veel vooruitgang op dit gebied geboekt.

MENS ZIJN

De wereld die we om ons heen hebben gebouwd, is aangepast aan de grootte, vorm en capaciteiten van ons lichaam. Dat geldt voor ons huis, onze werkplek en voorzieningen, gereedschappen en de hoogte waarop we allerlei dingen neerleggen. Daarom zouden de robots die worden gemaakt om ons te helpen, het best werken als ze bij onze vorm, gemiddelde lengte en capaciteiten zouden aansluiten. Zo'n configuratie stelt robots in staat deuren te openen, op ooghoogte te

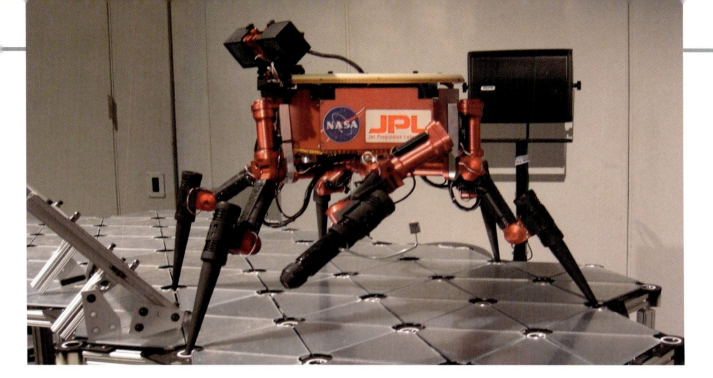

▲ Deze veelpotige robot is ontworpen om complex terrein over te steken. Hij is ontworpen in het Jet Propulsion Laboratory van NASA.

luisteren, trappen te lopen, in onze stoelen te zitten, auto's te rijden en vele andere ondersteunende taken te verrichten. Omdat we intuïtief op lichaamstaal en gebaren reageren, is het zeer wenselijk dat robots gezichtsuitdrukkingen en lichaamshoudingen gebruiken.

RONDLOPEN

Het bouwen van een robot die eruitziet en zich gedraagt als een mens, is slechts één aspect van de complexiteit van dit probleem. Om robots te maken die binnenshuis en buitenshuis kunnen functioneren, moeten we ze in complexe terreinen laten navigeren. Ze moeten overweg kunnen met statische objecten zoals trappen en meubels, en reageren op dynamische zoals mensen, huisdieren en auto's. Voor taken zoals in een drukke straat lopen, een weg oversteken volgens de verkeersregels of door een complex terrein lopen met ongeplaveide wegen moet een robot een pad zoeken dat veilig is en binnen zijn capaciteiten ligt.

LOPEN ALS EEN MENS

Deze humancïde robot, Chroino geheten, is gemaakt van koolstof en kunststof, waardoor hij een lichte, maar sterke structuur heeft, een 'monocoque frame'. Hij is gemaakt door Tomotaka Takahashi in de Robo Garage van de Universiteit van Kyoto (Japan). De naam 'Chroino' is samengesteld uit de woorden voor 'kroniek' en 'zwart'; het laatste woord wordt in het Japans uitgesproken als *kuroi*. Hieronder zijn twee belangrijke kenmerken van de robot te zien:

❶ Bevat nieuwe 'SHIN-Walk'-technologie, waardoor hij op een natuurlijker manier kan lopen, bijna zo soepel als een mens.

❷ Licht van gewicht; hij weegt slechts 1,05 kg.

MENSACHTIGE ROBOTS

Een mensachtige robot bouwen

Een andere grote uitdaging bij het construeren van machines die mensen nabootsen, is robots te ontwikkelen die op mensen kunnen reageren en emotioneel kunnen communiceren. Als ze mogelijkheden hebben voor interactieve uitwisselingen, kunnen robots sociale vaardigheden bij mensen stimuleren.

Kinderen brengen tegenwoordig meer tijd achter computers door dan met leeftijdgenoten of mensen in het algemeen; ze groeien op met minder ontwikkelde sociale vaardigheden en minder inzicht in lichaamstaal dan voor vorige generaties vanzelfsprekend was. Dit groeiende probleem is aan te pakken door mensachtige robots in onderwijs, therapie of spel op te nemen en realistische simulatie onder gecontroleerde omstandigheden te bieden. Een voorbeeld van zo'n robot, Zeno, staat op blz. 52.

SLAGVELDROBOTS
Met ons toenemende vermogen mensachtige robots realistischer te maken, neemt de bezorgdheid toe dat ze voor oneigenlijke taken zullen worden gebruikt. Het is onvermijdelijk dat mensachtige robots voor militaire toepassingen worden ontworpen. Op dit moment richt het Amerikaanse Defense Advanced Research Projects Agency (DARPA) zich op de ontwikkeling van een robothand die op verschillende manieren kan worden bestuurd, maar dat vermogen zou naar andere lichaamsdelen zijn uit te breiden.

Op blz. 55 staat een voorbeeld van een robotarm. Zulke armen worden ontwikkeld voor militaire toepassingen. Het gebruik van robots tegen menselijke vijanden roept ethische en filosofische vragen en praktische gevaren op. De beantwoording van die vragen dient tegelijk met de technologische ontwikkeling plaats te vinden. Er worden al heel lang richtlijnen voorgesteld, zoals de 'Drie Wetten van Robotica' (zie hiernaast) van de sciencefictionauteur Isaac Asimov. Er zijn ook heel wat minder controversiële toepassingen van deze technologie, zoals robotarmen en -handen na amputaties, die minder strikte besturing vergen.

◀ Mensen kunnen kwetsbare objecten met hun vingers oppakken en manipuleren. Robots moeten dit vermogen ook kunnen nabootsen om goed te kunnen werken.

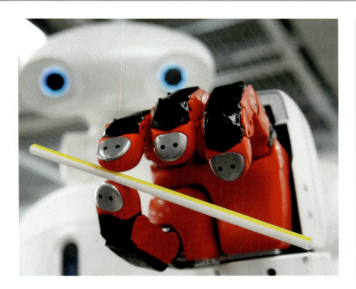

▲ Deze robot, Twendy-One, is ontworpen aan de Universiteit van Waseda in Tokio. Hij toont hier zijn vermogen met zijn vingers een rietje op te pakken en te manipuleren zonder het in te drukken.

MENSELIJKE VERMOGENS

Voor de complexe taak om mensachtige robots te maken moeten niet alleen uiterlijke kenmerken van mensen worden geïmiteerd, maar ook menselijke vermogens zoals het communiceren van emoties en gedachten. Dat vergt de inzet van veel wetenschappelijke en technische disciplines, materiaalwetenschap, computerwetenschap, kunstmatige intelligentie en besturing. Het vergt materialen die veerkrachtig, licht en multifunctioneel zijn. Robots moeten kunnen lopen en daarbij obstakels vermijden en zeer stabiel blijven. Een lichte, mobiele en duurzame energiebron is essentieel. Mensachtige robots hebben ook sensoren nodig die de menselijke zintuigen nabootsen (gezicht, gehoor, smaak, reuk, aanraking, druk en temperatuur). Ze moeten ook de metingen van deze sensoren kunnen interpreteren, zodat ze hun omgeving en de gevaren erin kunnen waarnemen. De integratie van deze vereiste capaciteiten maakt van een robot een 'slimme' machine die er als een mens uitziet en als zodanig handelt.

ASIMOVS WETTEN VAN ROBOTICA

In zijn beroemde 'Drie Wetten van Robotica', waaraan hij later zijn Zeroth-wet toevoegde, stelde de bekende sciencefictionauteur Isaac Asimov richtlijnen voor de relatie tussen mens en robot voor. Hij vond dat robots de rol van dienaar moesten vervullen en mensen geen letsel mochten toebrengen.

❶ Een robot mag geen mens verwonden of door inactiviteit toestaan dat een mens letsel oploopt.

❷ Een robot moet bevelen van mensen gehoorzamen, tenzij die bevelen in conflict zijn met de Eerste Wet.

❸ Een robot moet zijn eigen bestaan beschermen zolang die bescherming niet in conflict is met de Eerste of Tweede Wet.

Zeroth-wet Een robot moet niet louter in het belang van individuele mensen handelen, maar in dat van de hele mensheid.

MENSACHTIGE ROBOTS

Robotonderdelen

Een robot moet bepaalde kenmerken en vermogens hebben om mensachtig te lijken. Om op mensachtige wijze te kunnen communiceren moet hij een stem hebben met gesynchroniseerde lipbewegingen die met gebaren worden gecoördineerd. De huid moet elastisch genoeg zijn voor gezichtsuitdrukkingen.

Het is uiterst belangrijk dat een robot veilig is in zijn interactie met mensen en objecten. We bespreken hier enkele kenmerken die nodig zijn om hem mensachtig te laten lijken.

HERSENEN
De 'hersenen' bestaan uit een aantal microprocessors, een miniatuurcomputer om de robot aan te sturen, inclusief de voortbeweging, beeldverwerking, verbale communicatie, lichaamstaal en gezichtsuitdrukkingen, en nog vele andere taken. Het vermogen van de microprocessors neemt voortdurend in een zeer hoog tempo toe. De snelheid van de verwerking en de omvang van het geheugen worden elk jaar vele malen groter, terwijl de kosten en de omvang voortdurend afnemen. De 'hersenen' van een robot hoeven niet in het hoofd te zitten, maar de locatie daar maakt lange bedrading naar enkele belangrijke sensoren overbodig.

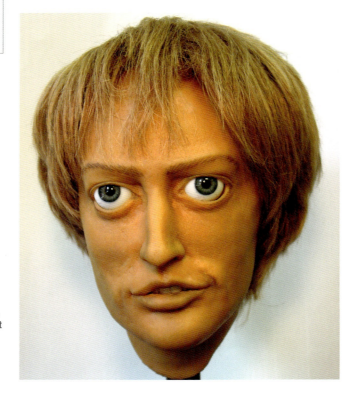

▶ Dit robothoofd, gemaakt door David Hanson van Hanson Robotics, is bekleed met Frubber-huid om het menselijker te maken. Het hoofd kan allerlei gezichtsuitdrukkingen aannemen en is gebruikt om kunstmatige spieren te testen.

ROBOTONDERDELEN

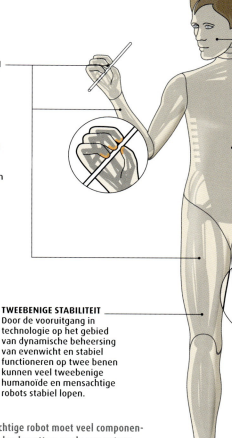

GEZICHT
De ontwikkelaar moet levendige uitdrukkingen kunnen produceren met rimpels en plooien, die in de niet-expressieve toestand van het gezicht inactief zijn.

ARMEN, HANDEN EN BENEN
Om natuurlijke menselijke beweging na te bootsen worden sensoren op de armen, handen en benen bevestigd, en ook druksensoren die de druk van de greep bepalen en tastsensoren die tastindrukken interpreteren. Sensoren worden ook gebruikt om reacties op gang te brengen als de robot aan onveilige omstandigheden wordt blootgesteld.

HUID
Om mensachtig te lijken moet de robot bedekt zijn met kunstmatige huid die eruitziet en aanvoelt als de huid van een levend persoon. Daarvoor moet de huid zeer elastisch zijn en gezichtsuitdrukkingen kunnen maken zonder blijvende vervorming.

TWEEBENIGE STABILITEIT
Door de vooruitgang in technologie op het gebied van dynamische beheersing van evenwicht en stabiel functioneren op twee benen kunnen veel tweebenige humanoïde en mensachtige robots stabiel lopen.

KUNSTMATIGE SPIEREN
Actuatoren bootsen spieren na en zijn verantwoordelijk voor de voortbeweging en de bewegingen van hun aanhangsels en andere delen en mechanismen. De typen actuatoren die hiervoor meestal worden gebruikt, zijn elektrische, pneumatische, hydraulische, piëzo-elektrische, vormgeheugenlegeringen en ultrasone apparaten.

▶ Een mensachtige robot moet veel componenten en materialen bevatten, zoals een natuurlijk lijkende huid, druksensoren en werkende 'spieren', om hem levensecht te maken.

DE ZINTUIGEN
Het gezicht kan een kunstmatige neus en tong hebben om de robot informatie over geur en smaak te geven. Beelden komen binnen door videocamera's, zodat de robot zijn omgeving en locatie kan 'zien' en communicatiesignalen uit gezichtsuitdrukkingen kan afleiden – deze ondersteunen zijn sociale optreden. Geluid is belangrijk voor informatie en richting, spraakherkenning ondersteunt de natuurlijke verbale communicatie. Druksensoren zorgen dat de robot dingen kan 'aanraken' en 'voelen'.

ARMEN, HANDEN EN BENEN
De armen, handen en benen van mensachtige robots hebben dezelfde basisfuncties als bij mensen. Ze lijken misschien gemakkelijk na te bootsen, maar ze zijn moeilijk te besturen.

ACTUATOREN EN KUNSTMATIGE SPIEREN
Elektromotoren produceren de bewegingen van robots, maar ze werken anders dan onze spieren en hebben een totaal ander werkingsmechanisme dan onze buigzame en lineaire spieren.

MENSACHTIGE ROBOTS
Belangrijke technologieën

Diverse technologieën zijn van essentieel belang voor het bouwen van een mensachtige robot die overtuigend levensecht moet zijn, zoals bepaalde materialen, actuatoren, sensoren, slimme besturing, mechanismen voor de voortbeweging, manipulatie van handen en benen, gehoor, verbale communicatie, gezicht en interpretatie van beelden.

De mensachtige robot moet obstakels en risico's kunnen vaststellen en ze kunnen vermijden en overwinnen. Er zijn algoritmen voor kunstmatige intelligentie en effectieve besturing nodig om hem mensachtig met zijn omgeving en met mensen te laten werken. Voor dit bionische doel moeten er effectieve lichaamsdelen en bijbehorende functies zijn die zoveel mogelijk lijken op die van een mens.

ELEKTROACTIEVE POLYMEREN
De actuatoren die het meest op natuurlijke spieren lijken, zijn de elektroactieve polymeren (EAP), 'kunstmatige spieren' die de laatste jaren zijn ontwikkeld. Veel EAP-materialen zijn in de jaren 1990 opgekomen, maar ze kunnen nog niet echt belangrijke mechanische taken verrichten zoals het optillen van zware objecten. De auteur van dit hoofdstuk zag de noodzaak van internationale samenwerking in en organiseerde in maart 1999 de eerste jaarlijkse internationale EAP Actuators and Devices (EAPAD) Conference. Bij de opening van die eerste conferentie daagde de auteur wetenschappers en ingenieurs over de hele wereld uit een robotarm te ontwikkelen die door kunstmatige spieren werd aangedreven en een partijtje armworstelen tegen een menselijke tegenstander kon winnen (zie links).

◀ Robottechnologie heeft zich sterk ontwikkeld sinds deze armworstelwedstrijd tussen een jonge leerlinge en een robotarm in 2005. Het meisje won.

BELANGRIJKE TECHNOLOGIEËN

◀ Robotarmen verschillen sterk in uiterlijk en capaciteiten. Dit voorbeeld is door de auteur gefotografeerd op het DARPATech-symposium dat in 2007 in Anaheim, Californië, werd gehouden.

WORSTELUITDAGING

De eerste wedstrijd armworstelen tussen een robotarm en een mens – een 17-jarige leerlinge van een middelbare school – werd gehouden op 7 maart 2005. Er namen drie robotarmen aan deel en het meisje versloeg ze allemaal. De tweede Artificial Muscles Arm-Wrestling Contest werd gehouden op 27 februari 2006. In plaats van de worsteling met een menselijke tegenstander werd er een meting gedaan om de door EAP geactueerde armen te testen op snelheid en trekkracht. Om een vergelijkingsbasis voor prestaties te hebben werd eerst het vermogen van de leerlinge van de wedstrijd van 2005 gemeten. De resultaten van 2006 waren twee orden van grootte lager dan die van de leerlinge. Op een toekomstig congres zal een professionele armworstelaar worden uitgenodigd voor een worstelwedstrijd met een machine, zodat de vooruitgang in de ontwikkeling van zulke armen is vast te stellen.

KUNSTMATIGE HUID

Een van de opvallendste kunstmatige huiden die zijn ontwikkeld, is Frubber, een creatie van David Hanson (zie blz. 56). Dit rubberachtige materiaal vergt minimale kracht en minimaal vermogen voor grote vervormingen die natuurlijk lijken. Dit dient als wereldwijd platform voor ingenieurs die kunstmatige spieren ontwikkelen en hun actuatoren moeten testen.

PROTHESEN

Een voordeel van de succesvolle bouw van mensachtige handen, armen en benen voor robots is de ontwikkeling van zeer effectieve, levensechte prothesen. Een ander ontwikkelingsgebied zijn loopstoelen in plaats van rolstoelen, waarmee mensen zich over oneffen terrein kunnen voortbewegen. Een exemplaar van zo'n stoel is in 2007 gedemonstreerd op de NextFest Exhibition van het tijdschrift *Wired*. Er zat een persoon in terwijl de stoel liep en trappen beklom. Deze baanbrekende uitvinding zal mensen met een beperking grotere mobiliteit over oneffen terrein geven.

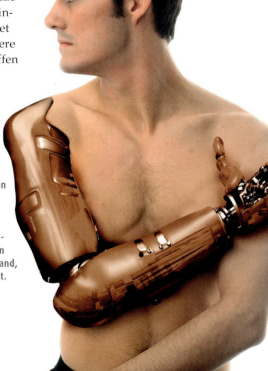

▶ Het eerste onderzoek in robotica kan leiden tot prothetische ledematen die niet alleen door het zenuwstelsel van de persoon kunnen worden bestuurd, maar ook feedback kunnen geven zodat de persoon kan voelen wat de arm, de hand, de voet of het been raakt.

MENSACHTIGE ROBOTS

Kunstmatige intelligentie

Kunstmatige intelligentie (AI) is een tak van computerwetenschap die rekenkrachtvereisten bestudeert voor taken als waarnemen, redeneren en leren, om de ontwikkeling van systemen met deze vermogens mogelijk te maken. Een robot moet deze vermogens hebben om echt mensachtig te kunnen zijn.

De doelen op het gebied van kunstmatige intelligentie (AI) zijn meer inzicht te krijgen in de menselijke cognitie, de eisen voor intelligentie in het algemeen te begrijpen en intelligente apparaten, autonome agenten, en systemen te ontwikkelen die met mensen samenwerken om hun capaciteiten te vergroten. AI-onderzoekers gebruiken modellen die zijn geïnspireerd op het rekenvermogen van de hersenen, en verklaren ze in termen van psychologische concepten van een hoger niveau, zoals plannen en doelen.

Vooruitgang op het gebied van AI heeft geleid tot meer wetenschappelijk inzicht in de mechanismen die aan denken en intelligent gedrag ten grondslag liggen, en de plaatsing ervan in robots. Het gebied van AI levert belangrijke instrumenten op voor mensachtige robots, zoals opname van kennis,

◀ **Deze kindrobot heeft een zachte siliconenhuid en leert te denken als een baby. Hij beoordeelt de gezichtsuitdrukkingen van zijn 'moeder' en ontwikkelt langzaam sociale vaardigheden.**

voorstellingsvermogen en redeneren, omgaan met onzekerheid, plannen, zien, herkenning van gezichten en gelaatstrekken, taalverwerking, navigatie en automatisch leren. Op AI gebaseerde algoritmen worden gebruikt wanneer op cases gebaseerd redeneren en *fuzzy reasoning* worden gecombineerd om automatisch en autonoom functioneren mogelijk te maken. Ook al heeft AI enorm veel succes geboekt in slimme computergestuurde systemen, de capaciteiten lijken nog lang niet op menselijke intelligentie.

ESSENTIËLE VAARDIGHEDEN VOOR EEN ROBOT
Bij het programmeren van een robot zijn de volgende stappen nodig, waarin AI een belangrijke rol speelt:
1. De omgeving met sensoren waarnemen.
2. Een model van de omgeving vormen met input van sensoren voor beelden, geluiden en dergelijke.
3. Een actie plannen waarbij rekening wordt gehouden met obstakels en gevaren die er onderweg zijn.
4. Gepaste acties ondernemen om de doelen te bereiken waarvoor de robot wordt ingezet.

KUNSTMATIGE INTELLIGENTIE

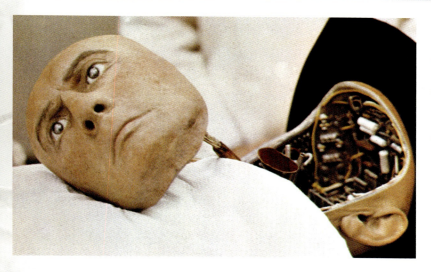

◀ Een beeld uit de film *Westworld* (1973). Hij gaat over een themapark waarin mensen betalen om hun vuurgevechtfantasieën uit te leven. De robots zijn geprogrammeerd om te verliezen, maar het gaat mis als de bedrading van de hoofdrobot, 'The Gunslinger', breekt en de machine zijn intelligentie kan gebruiken om te winnen.

ZELFBEHOUD VAN DE ROBOT

Enkele van de nieuwste mensachtige robots vertonen een zeer menselijke trek: het vermogen zichzelf ook na hun productie te verbeteren, want ze kunnen zelf leren en periodieke updates krijgen. De verfijning van deze robots omvat een volledig autonome werking en zelfdiagnose. In de toekomst kunnen ze zelfstandig naar een onderhoudsbasis gaan voor periodieke controles en reparaties. Ze worden mogelijk van biomimetisch materiaal gebouwd zodat ze bij schade zichzelf kunnen herstellen.

EEN LANGE WEG TE GAAN

Het vermogen van huidige mensachtige robots lijkt nog niet op dat van mensen of op de portretten in sciencefictionboeken en -films. De vooruitgang is vaak minder snel gegaan dan experts dachten. In de jaren 1950 voorspelden AI-experts bijvoorbeeld dat een computer in 1968 de wereldkampioen schaken zou verslaan, maar het duurde nog heel wat jaren voordat die profetie in vervulling ging. Toch zijn we ongetwijfeld al omringd door kunstmatige intelligentie. Mobiele telefoongesprekken en de verzending van e-mails verlopen via AI-systemen. De fantasierijke producten van auteurs blijven inspiratie bieden voor vernieuwing in de ontwikkeling van mensachtige robots, terwijl ze ons ook waarschuwen voor de gevaren en negatieve mogelijkheden.

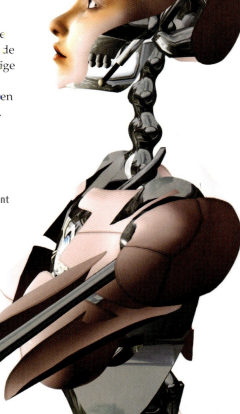

▶ De expressiviteit van deze vrouwelijke gelaatstrekken en gebaren suggereert dat ze intelligent is en ontvankelijk voor de wereld.

MENSACHTIGE ROBOTS
Praktische toepassingen

Vooruitgang in de synthese, waarneming en herkenning van stemmen maakt de interactie tussen mensachtige robots en mensen steeds gemakkelijker. Geïntegreerde technologie stelt robots in staat verbaal te communiceren, emoties uit te drukken met oogcontact en gezichtsuitdrukkingen, en op emotionele en verbale signalen te reageren.

Nieuwe technologie zorgt voor vooruitgang in de emotionele adaptatie van robots als ze met mensen interacteren op de manier waarop mensen dat doen, zonder ervoor te oefenen. Robots kunnen mensen imiteren door te knikken als ze naar iemand luisteren, af en toe te knipperen en een spreker geregeld aan te kijken. Gesprekken met robots blijven nu beperkt tot een woordenschat van pakweg duizend woorden. De onderwerpen en inhoud zijn beperkt, maar er wordt behoorlijk veel onderzoek verricht naar de ontwikkeling van het vermogen van bionische machines in het begrijpen van menselijke conversatie.

◄ Robotarmen zijn bij uitstek geschikt voor puntlassen en booglassen in assemblagelijnen voor vrachtwagens en personenwagens.

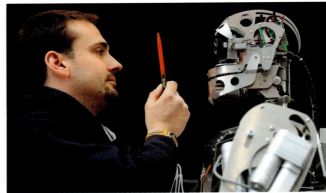

▲ Een technicus stelt een humanoïde robot af op de Hannover Messe van 2009, een handelsbeurs voor de industrie; er namen 6150 bedrijven uit 61 landen aan deel.

PRAKTISCHE TOEPASSINGEN

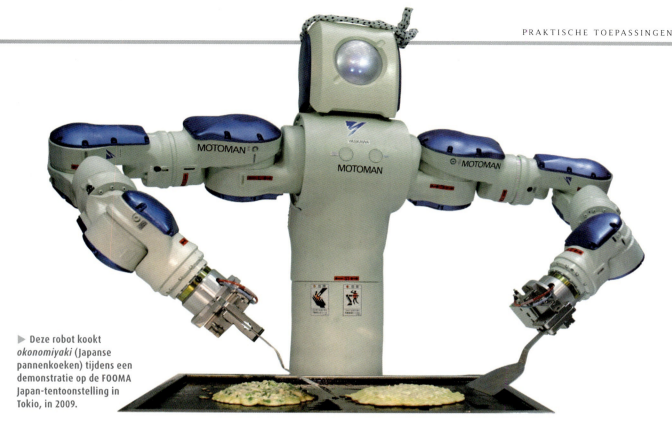

▶ Deze robot kookt *okonomiyaki* (Japanse pannenkoeken) tijdens een demonstratie op de FOOMA Japan-tentoonstelling in Tokio, in 2009.

TELEPRESENTIE

Zelfs binnen hun huidige beperkte sfeer van intelligent functioneren zijn er diverse praktische toepassingen voor mensachtige robots, zoals telepresentie, oftewel het vermogen een robot op afstand zodanig te laten werken dat het lijkt alsof de operator op de plaats zelf aanwezig is. Een voorbeeld is de Robonaut (robotische astronaut) in het Johnson Space Center (JSC) van NASA in Houston, Texas. Deze mensachtige robot kan de fysieke bewegingen van het bovenste deel van het menselijk lichaam spiegelen. Hij wordt op afstand buiten de spaceshuttle of het ruimtestation bediend vanaf aarde of vanuit het ruimtevoertuig; hij kan nu ook op militair gebied worden ingezet.

MEDISCHE ROBOTS

De groeiende capaciteiten van mensachtige robots bieden mogelijkheden op medisch gebied. In Japan en de Verenigde Staten worden bijvoorbeeld al robots ontwikkeld als hulp voor patiënten, bejaarden en anderen die lichamelijke of emotionele ondersteuning nodig hebben. Robotische chirurgie wordt steeds meer deel van de vele vermogens waarover chirurgen nu beschikken, en de resultaten zijn bemoedigend. Mensachtige robots worden gebruikt om medicijnen naar patiënten te brengen en hen aan het gebruik ervan te herinneren; ze kunnen amusement bieden en een bewakingssysteem zijn dat in noodgevallen rechtstreeks beelden naar een centrale controlekamer stuurt.

HUIDIGE BEPERKINGEN

Hoewel de ontwikkelingen in de technologie van menselijke robots snel gaan, zijn er nog problemen die hun wijdverbreide toepassing belemmeren, zoals beperkte functionaliteit, betrekkelijk krappe accucapaciteit en hoge kosten. Als ze eenmaal in massaproductie worden genomen en betaalbaar worden, kunnen we verwachten dat ze waardevolle dienstverlening zullen bieden.

MENSACHTIGE ROBOTS

Kunnen robots mensen worden?

Met kunstmatige intelligentie kunnen mensachtige robots gezichten herkennen en individueel gedrag vertonen dat zelfs bij twee exemplaren van dezelfde robot verschilt. Sommige robots kunnen lopen of dansen als een mens. Er zijn echter veel menselijke basistaken die een robot niet kan verrichten.

Menselijke taken die een robot niet kan verrichten, zijn het voeren van een uitgebreid gesprek met een mens over allerlei onderwerpen, snel door een menigte lopen zonder iemand te raken en gedurende lange tijd operationeel zijn. Het oplossen van deze problemen zal waarschijnlijk evolutionair verlopen – een gepaste menselijke trek – met een reeks successen die tot reëlere prestaties zullen leiden.

KOSTENIMPLICATIES
Een belangrijke factor in de ontwikkeling van mensachtige robots is goedkope productie. Daarvoor zijn standaard hardwareonderdelen en softwareplatforms nodig, die onderling passend en uitwisselbaar zijn. Deze standaardisatie kan hetzelfde ontwikkelingspatroon volgen als de pc, waarin onderdelen en software onafhankelijk van de specifieke computerfabrikant worden gemaakt. Dan hoeven wetenschappers en ingenieurs geen al te breed onderzoek te verrichten en kunnen ze zich concentreren op verbeteringen op hun specifieke terrein. Hardware en software zullen bovendien mensachtige robots moeten vormen met hogere reactiesnelheden op veranderingen in hun omgeving. Robothardware zal aanzienlijk in gewicht moeten afnemen en moeten worden uitgerust met vele lichtgewicht miniatuuractuatoren en sensoren met gespreide verwerkingscapaciteiten. Er zijn effectieve actuatoren nodig met hoge vermogensdichtheid en hogere operationele en reactiesnelheden. Er is ook behoefte aan vooruitgang in geautomatiseerd ontwerp en de bouw van prototypen, van miniatuuractuatoren die miniatuurmotoren vergen voor kleine bewegingen voor gezichtsuitdrukkingen of de beweging van vingers in een robot ter grootte van een baby, tot sensoren op microschaal en aandrijfelektronica.

Om toekomstige robots een uitgebreid gesprek te laten voeren moeten ze meer woorden kunnen herkennen en 'begrijpen' dan ze nu doen, met een aanzienlijk hogere nauwkeurigheid in het interpreteren van tekst en verbale communicatie. Voor het gebruik van draadloze robots in een netwerk moeten pc's complexe taken verrichten, waaronder beeld- en spraakherkenning, navigatie en het vermijden van botsingen.

▶ Robotlegers worden nu nog op afstand bediend, maar kunnen in de toekomst volledig autonoom worden. Robots hebben geen last van menselijke aandoeningen zoals posttraumatische stress of emoties zoals angst.

KUNNEN ROBOTS MENSEN WORDEN?

◀ Zelfs met alle recente vooruitgang in de technologie is er één menselijk basisvermogen dat nog steeds de huidige capaciteiten van robots verslaat, namelijk het vermogen om snel door een menigte te lopen zonder tegen iemand aan te botsen.

TEAMWERK

Het bouwen van een mensachtige robot is multidisciplinair; het vergt expertise op gebieden als elektromechanische techniek, computerwetenschap, neurowetenschap en biomechanica. Vooruitgang in AI, effectieve actuatoren, kunstmatig gezichtsvermogen, spraaksynthesizers en -herkenning, bewegingsbesturing en vele andere gebieden dragen er aanzienlijk aan bij dat robots als mensen handelen.

RELATIES MET MENSEN

Robots in allerlei vormen, zoals onbemande verkenners, worden steeds meer gebruikt voor militaire toepassingen. Het is onvermijdelijk dat mensachtige robots ook voor zulke doelen zullen worden gebruikt. Als ze met kunstmatige herkenning worden ontwikkeld en de menselijke niveaus van intelligentie overstijgen, kunnen we ons echter afvragen of ze zich tegen hun menselijke scheppers kunnen keren.

Wat het samenstellen van een leger betreft, genetisch klonen zal niet meteen tot een exacte kopie van een mens leiden. De geproduceerde persoon moet biologisch en natuurlijk groeien. Mensachtige robots kunnen echter met de snelheid van productieprocessen worden gefabriceerd. Omdat het snel produceren van prototypen van mensachtige figuren steeds gemakkelijker wordt, zal onze omgeving op een dag vol robots zijn.

GOED EN FOUT

Als een mensachtige robot zich bewust zou zijn van de gevolgen van zijn daden en zou werken volgens regels van 'goed' en 'fout', zou hij een veel menselijker karakter hebben. Volgens sommigen is dat onmogelijk. De robot zou dan namelijk in zijn gedrag subjectieve onzekerheden moeten verwerken. Daarvoor is een gevoel van verhoudingen nodig dat verdergaat dan de letterlijke interpretatie van situaties. Een fascinerende ethische kwestie is de mogelijkheid van ongehoorzaamheid en onacceptabel gedrag van een robot, ondanks het concept dat robots met mensen in een meester-slaafrelatie werken.

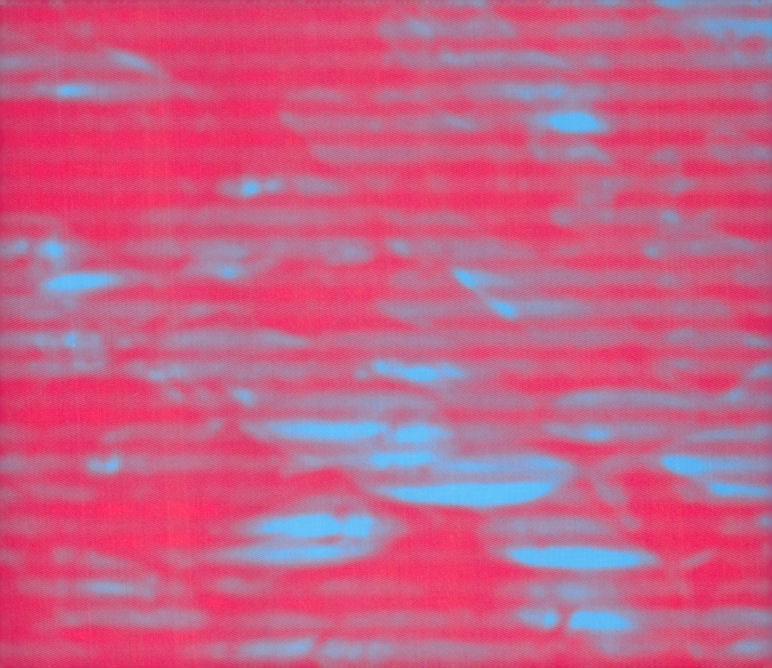

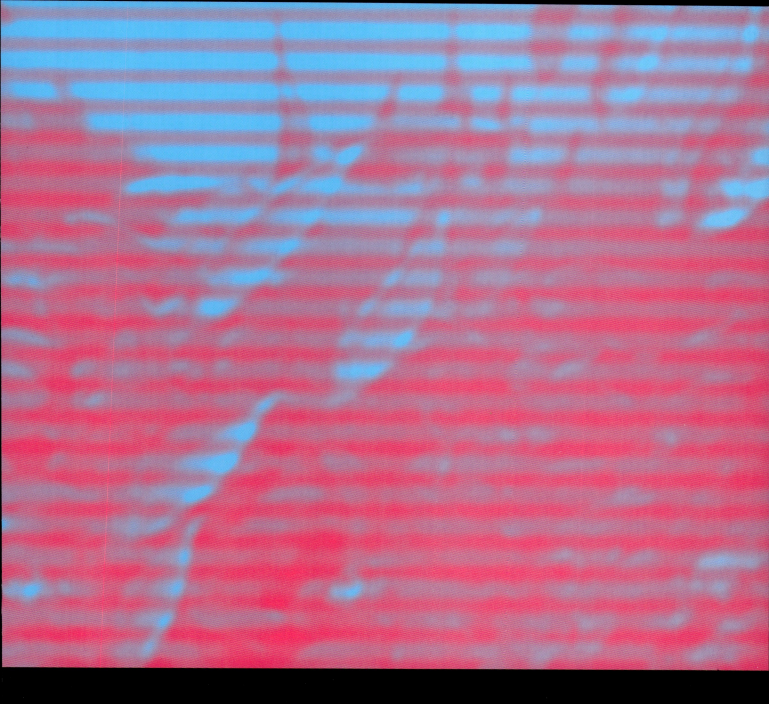

3 | ONDERWATERBIOAKOESTIEK

ONDERWATERBIOAKOESTIEK

Inleiding

Hoe weet je of een watermeloen zoet is zonder hem te proeven? Elke watermeloen heeft een litteken tegenover de kant waar de steel zat; als het litteken klein is, is de meloen waarschijnlijk zoet. Op de meloen kloppen en naar het geluid luisteren is ook een zeer effectieve manier van 'proeven'.

Een slechte watermeloen maakt een dof geluid met veel verschillende frequentiecomponenten omdat de meloen intern heel veel 'barsten' heeft die verhinderen dat het geluid zich symmetrisch voortplant. Een zoete watermeloen heeft een betrekkelijk zuivere toon en weinig frequenties, omdat de geluiden niet door barsten worden belemmerd en dus symmetrisch verder worden geleid. Door naar de echo te luisteren kunnen we, zonder de watermeloen open te snijden en te proeven, 'zien' hoe hij vanbinnen is.

HET GEBRUIK VAN AUDITIEVE AANWIJZINGEN
Als je op je fiets over een drukke weg rijdt, ga je aan de kant rijden om een achteropkomende auto te ontwijken, ook al zie je hem niet. Het geluid van het voertuig waarschuwt je dat hij eraan komt. Zulke geluiden vormen nuttige signalen in het dagelijks leven en door ervaring leren we er automatisch op te reageren.

▲ Een scherpe tik op een watermeloen produceert een echo waarmee we kunnen 'zien' hoe de watermeloen vanbinnen is door naar het geluid te luisteren.

GELUIDEN MET BEELDEN COMBINEREN
Luisteren en beeldvorming zijn niet louter iets fysieks; ze zijn ook gebaseerd op leren en ervaring. U hebt een groot gegevensbestand in uw hersenen om geluiden aan specifieke doelen te koppelen. De echo van een watermeloen zegt of hij zoet is, het geluid van een naderende auto redt uw leven, ook al ziet u de auto achter u niet. Geluid is een nuttig middel om in het dagelijks leven informatie te krijgen over onzichtbare doelen.

BELANGRIJKE GELUIDEN HERSTELLEN
Vooruitgang in technologie leidt vaak tot het stiller functioneren van objecten, maar dat is niet altijd handig. Er komen bijvoorbeeld steeds meer hybride of elektrische auto's. Deze vrijwel stille voertuigen kunnen tot meer ongelukken leiden omdat mensen ze niet horen aankomen.

Een manier om dit probleem op te lossen is te eisen dat stille voertuigen een kunstmatig motorgeluid produceren, min of meer als het kunstmatige klikgeluid dat sommige auto's nu maken als de richtingaanwijzers aanstaan. Oorspronkelijk werden de aanwijzers bestuurd door een mechanisch relais, maar het elektronische circuit dat de richtingaanwijzers nu regelt maakt helemaal geen geluid. Automobielfabrikanten hebben het kunstmatige 'klik'-geluid toegevoegd om de automobilist te laten weten wanneer ze aanstaan.

▲ Geluiden werken als signalen die ons waarschuwen. Het geluid van brekend glas roept bijvoorbeeld onmiddellijk het alarmerende beeld op van gevaarlijke glasscherven.

▶ Een fietser of voetganger kan het geluid van een naderend voertuig horen en zijn grootte, afstand en snelheid inschatten voordat het te zien is. Dat is van cruciaal belang om gevaren op de weg te vermijden.

NADELEN VAN GELUIDEN OM 'BEELDEN' TE ZIEN

Geluiden zijn heel nuttig, maar onze automatische reacties erop hebben nadelen. Een Engelse fietser in Londen, bijvoorbeeld, gaat automatisch naar links om auto's te ontwijken omdat het verkeer daar links rijdt. Deze automatische reactie kan fatale gevolgen hebben als die fietser in New York over een drukke weg fietst, want in Amerika rijdt het verkeer rechts. De fietser kan opeens voor de auto gaan rijden zonder erbij na te denken en een ongeluk veroorzaken. Geluiden zijn dus wel heel nuttige signalen, maar ze moeten behoedzaam worden gebruikt.

▶ Door via een stethoscoop te luisteren kan een arts een mentaal beeld van de borstholte van een baby 'zien' en een diagnose stellen.

ONDERWATERBIOAKOESTIEK

Golven in water maken

Lang voordat mensen geluiden gebruikten om doelen te 'zien', waren dolfijnen en bruinvissen afhankelijk van ultrasone pulsgeluiden om prooien in donker water te vangen. Ingenieurs proberen te begrijpen hoe deze dieren dat doen, zodat ze nieuwe echopeilers kunnen ontwikkelen die vorm en plaats van objecten waarnemen.

In het modderige gele water van de Jangtsekiang in China is het zicht slechts 50 cm. Om dit slechte zicht te compenseren gebruikte de Chinese vlagdolfijn of baiji (*Lipotes vexillifer*), die als uitgestorven wordt beschouwd, ultrasone geluiden om prooien en obstakels waar te nemen. De Chinese vlagdolfijn (baiji) en andere getande walvissen produceren hoogfrequente geluiden en luisteren naar echo's om hun prooi op te sporen. Voor getande walvissen zoals dolfijnen en bruinvissen was deze biosonar een natuurlijke ontwikkeling, want ze achtervolgen een prooi en vangen hem, een per keer, met hun bek. Met biosonar kunnen ze afstand, grootte, materiële samenstelling en zelfs vorm en inwendige structuur van onderwaterobjecten vaststellen en ze van elkaar onderscheiden.

DE OMGEVING MET GELUID AFTASTEN
Mensen hebben veel onderzoek gedaan naar manieren om doelen onder het wateroppervlak te identificeren. Onderwaterstropers of illegale vissers met duikuitrusting zijn heel moeilijk op te sporen. Een waarnemingssysteem dat een illegale duiker in gepacht viswater of bij een kerncentrale kan waarnemen, zou een waardevolle veiligheidsmaatregel zijn. Het zou ook vissers helpen vis te lokaliseren en de soort vast te stellen voordat ze hun netten uitwerpen. Helaas zijn radiogolven en licht niet erg effectief omdat ze in het water niet ver komen. Met het blote oog kunnen we

◀ Het sonarvermogen van de dolfijn zou wetenschappers kunnen helpen een onderwatersensorsysteem te ontwikkelen dat stropende duikers en andere binnendringers kan opsporen.

▲ De baiji had heel kleine oogballen met geatrofieerde kristallijne lenzen en kon beelden niet duidelijk zien; daarom gebruikte hij ultrasone geluiden om prooien en obstakels waar te nemen.

▶ Een beeld van een scannende sonar van een school vissen die op het punt staat door een sleepnet te worden gevangen. Geluid is een effectief middel om doelen onder water te helpen visualiseren.

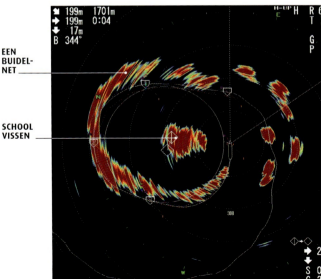

een vliegtuig in de lucht op kilometers afstand zien, maar onder het zeeoppervlak kunnen we een onderzeeër op slechts 30 meter afstand niet zien. Licht is niet effectief voor langeafstandswaarneming onder water, maar geluid is dat wel. Geluid reist in water bijna vijf keer zo snel als in lucht en wordt onderweg minder verzwakt. Daarom gebruiken dolfijnen en bruinvissen akoestische sensorische systemen om in het water snel en ver te kunnen zoeken. Hun sonar is waarschijnlijk ontstaan om vissen te zoeken en te classificeren die geschikt zijn om te eten. We kunnen van de biosonarsystemen van dolfijnen leren wanneer we echopeilers ontwikkelen om scholen vissen te lokaliseren en te identificeren.

ONDERWATERBIOAKOESTIEK

Naar de 'Rumoerige Wereld' luisteren

In 1956 brachten de Franse ontdekkingsreiziger en wetenschapper Jacques-Yves Cousteau en filmregisseur Louis Malle een documentaire uit, De stille wereld. *De film bleek echter precies het tegenovergestelde te laten zien van wat de titel suggereerde. De 'stille' oceaan is in feite een zeer rumoerige omgeving.*

De echte onderwaterwereld is rumoerig. Veel vissen en schaaldieren produceren geluiden. Pistoolgarnalen maken het meeste geluid, ze klappen met hun schalen en brengen pulsgeluiden voort met hoge intensiteit en brede frequentiebanden. Oceaangolven veroorzaken ook bellen die breedbandgeluiden opwekken. Thermisch geluid veroorzaakt door moleculaire beweging is ook een dominante geluidsbron in het ultrasone gebied.

▶ Het is voor mensen buitengewoon moeilijk intelligent te spreken in een aquatische omgeving, zelfs met onderwatermicrofoons, omdat de grens tussen lucht en water de overdracht van geluid verhindert. Daarom gebruiken duikers handsignalen om met elkaar onder water te communiceren.

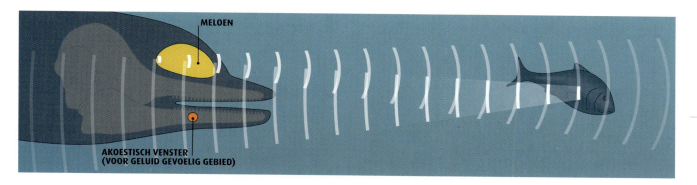

▲ Een dolfijn richt klikgeluiden door het meloenorgaan op zijn schedel. Het geluid reist naar voren door het water naar de doelvis; echo's die terugkomen worden opgevangen door de kaak van de dolfijn en in zijn binnenoor. We weten nog steeds niet of de dolfijn het visuele beeld herkent of het uit akoestische signalen in de echo vertaalt.

HOOR ZELF MAAR

Als u met uw hoofd pakweg een meter onder water gaat, zult u de stemmen van mensen boven water niet kunnen horen, omdat het wateroppervlak alle geluiden weerkaatst. U kunt dus niet mensen op een boot horen praten als u zich met een duikuitrusting in Cousteaus 'stille' wereld begeeft. Het enige wat u dan hoort zijn de bellen van uw ademhaling.

Het menselijk oor is niet bedoeld om onder water geluiden op te vangen. De amplitude van de geluidstrillingen in water is meestal te klein om uw trommelvlies te laten trillen. Bovendien blijft er water in de gehoorgang en dat voorkomt dat geluidsenergie het binnenoor bereikt. U kunt nog steeds geluid in het water waarnemen, maar de richting waaruit het komt zal moeilijk zijn vast te stellen omdat de weg die het geluid naar uw binnenoor neemt anders is. Het meeste geluid dat u onder water hoort, komt van botgeleiding door uw schedel of kaakbeen; dat is veel efficiënter omdat het geen geleiding van water naar lucht vergt. Omdat het verschil in dichtheid tussen water en vlees of bot veel kleiner is dan dat tussen water en lucht, worden geluiden bij die grenzen niet zo sterk weerkaatst. Onder water praten is voor mensen ook moeilijk. Woorden die onder water worden gezegd, zijn moeilijk te verstaan omdat de grens tussen lucht en water een barrière voor de overdracht van geluid is.

GELUID DOOR DE NEUSGANG

Dolfijnen hebben zich heel goed aangepast om geluiden onder water te zenden en te ontvangen. Hun systeem voor de overdracht van sonarsignalen is als een flitslicht met een puntlichtbron, een reflector en een lens. Een dolfijn heeft geen stembanden; hij wekt geluid in een weefselcomplex met een paar vette huidplooien die in een paar zachte weefsellippen boven in de neusgang zitten. Deze vette organen vibreren als er lucht onder hoge druk langskomt en korte pulsen van hoge intensiteit produceert. Elk geluid duurt een tienduizendste seconde of minder en klinkt als een klik. Dolfijnen produceren reeksen van enkele tientallen tot een paar honderd klikken per keer. Geluid dat naar achteren gaat, wordt door zijn schedel naar voren weerkaatst. Het geluid dat naar voren gaat, wordt gebundeld in een bolvormig voorhoofd, het 'meloenorgaan', een akoestische lens.

Geluid onder water wordt ontvangen door de zijkant van de onderkaak van de dolfijn, zoals ook wij geluiden onder water door botgeleiding waarnemen. Het oor van de dolfijn werkt niet als een geluidsontvanger; studies hebben de hoge gevoeligheid van het kaakgebied bevestigd. Als u het gebied achter het oog van een dolfijn van dichtbij bekijkt, ziet u het kleine oor dat helemaal vol zit met oorsmeer. Geluid gaat door het akoestische vet in de onderkaak naar het bot rond het binnenoor. Het binnenoorsysteem is bij alle zoogdieren gelijk, ook als ze in zee leven. Getande walvissen, zoals dolfijnen en bruinvissen, hebben binnenoren die hoogfrequente geluiden waarnemen, terwijl die van baleinwalvissen geschikt zijn voor lage frequenties voor communicatie over veel grotere afstanden.

ONDERWATERBIOAKOESTIEK

Hoe echopeilers werken

Als u een bergwandeling maakt en in een dal schreeuwt, kunt u na een paar seconden de echo van uw kreet vanaf de overkant horen terugkeren. Als u op een stille ochtend op 100 meter van een hoog gebouw in uw handen klapt, kunt u de echo tegen de muur horen terugkaatsen.

Geluiden die voor het menselijk oor hoorbaar zijn, worden door grote obstakels weerkaatst. U hoort geen echo uit uw koffiekopje, ook al schreeuwt u erin. Om echo's uit een koffiekopje te horen moet u geluid van een hogere frequentie gebruiken.

DOLFIJNEN IMITEREN

Dolfijnen weten precies hoe ze vissen kunnen vinden. Wij gebruiken daarvoor dezelfde frequenties als zij. We hebben frequenties geselecteerd van 38.000 tot 200.000 trillingen per seconde; één trilling per seconde is 1 hertz (Hz). Deze frequenties zijn veel hoger dan de menselijke stem, waarvan de frequentiepiek op minder dan 1000 Hz ligt. Kleine doelen zoals vissen vergen hogere frequenties om het geluid te weerkaatsen. Daarom gebruiken medische ultrasone apparaten een veel hogere frequentie – miljoenen hertz – om te zien of een ongeboren baby een meisje of een jongen wordt. Zeer grote doelen, zoals een gebouw of een berg, weerkaatsen veel lagere frequenties. Om een grote onderzeeër onder water waar te nemen is in een sonarsysteem slechts 100 tot 500 Hz nodig. Het gebruik van de juiste frequenties om echo's van doelen te krijgen is belangrijk. Daarom imiteren de echopeilers van vissers dolfijnen.

◀ De echo die door een vis wordt weerkaatst, komt van zijn zwemblaas en heeft niets te maken met de grootte van de vis. Een kleine vis kan een grote echo weerkaatsen en andersom.

AFSTAND OF DETAIL?

De afstand die verschillende frequenties kunnen afleggen is heel belangrijk. Hogere frequenties doven gewoonlijk sneller uit en komen dus niet zo ver als lagere frequenties. Daarom moet een arts de geluidssonde van een hoogfrequent beeldvormingssysteem dicht bij een orgaan houden om het te onderzoeken. Dan kan hij in het menselijk lichaam kijken. Het is echter nutteloos voor het waarnemen van onderzeeërs, ook al levert het beelden van een zeer fijne resolutie op. De laagfrequente sonar waarmee de marine onderzeeërs opspoort, gebruikt een zeer hard geluid dat buitengewoon lange afstanden moet afleggen en de echo's van kleine objecten zoals vissen dempt. Hogere frequenties geven betere resolutie, lagere een groter bereik. De echopeilers van dolfijnen en vissers gebruiken frequenties van 100 kilohertz (kHz), een goed compromis tussen de grootte van de vis die kan worden waargenomen en het praktische waarnemingsbereik, namelijk meer dan 100 meter.

ONOPVALLENDE VISSEN

Grotere vissen produceren niet altijd grotere echo's. De blauwvintonijn is een voorbeeld van een grote vis die akoestisch betrekkelijk onzichtbaar is. Echo's van vissen weerkaatsen voornamelijk van hun zwemblazen omdat de grens tussen lucht en vlees een goede reflector van het geluid is. Een zwemblaas is een grote zak met dunne wanden. Hij werkt als een drijflichaam en in sommige vissoorten als een geluidsontvanger. De jonge blauwvintonijn heeft een heel kleine zwemblaas die moeilijk met echopeilers is waar te nemen. Dat geldt ook voor pijlinktvis of platvis, want ze hebben helemaal geen met gas gevulde organen en zijn daardoor slechte geluidsreflectoren.

▼ Deze school blauwvintonijnen zou akoestisch heel moeilijk te 'zien' zijn. De zwemblaas in deze vissen is heel klein en daarom moeilijk met echopeilers te lokaliseren.

ONDERWATERBIOAKOESTIEK

Geluiden filteren en interpreteren

Ruisreductie is buitengewoon belangrijk bij het gebruik van echopeilers. Er is al veel gedaan om het geluidsniveau en de gevoeligheid van de ontvanger te verhogen en het geluidsfilter te verbeteren. Conventionele echopeilers zijn in veel situaties betrouwbaar, maar ze hebben ook beperkingen.

Als vissers met een echopeiler naar vis zoeken, komt veel ongewenst geluid van de vissersboot zelf. Een effectieve tegenmaatregel is het gebruik van frequentiepulsen. Een frequentiepuls heeft een component van één frequentie die gemakkelijk aan het omringende geluid is te onttrekken. Een bandfilter is een prachtig middel om achtergrondlawaai uit te schakelen. Het laat een bepaald frequentiebereik door en vermindert de kracht van alle andere. Het is als een radio of televisie die op één kanaal is afgestemd. Zolang de echopeiler van een visser alleen een signaal met één frequentie gebruikt, hebben de echo's dezelfde frequentie. Vissers kunnen zich op de uitgezonden frequentie richten om het echoniveau van scholen vissen te meten en andere frequenties te negeren.

ECHO'S TELLEN
Het aantal vissen binnen de akoestische bundel kan met het echoniveau worden geschat. Eén vis creëert één echo. Tien vissen creëren tien echo's. Als de energie van alle echo's wordt opgeteld, is dat een indicatie van het totale

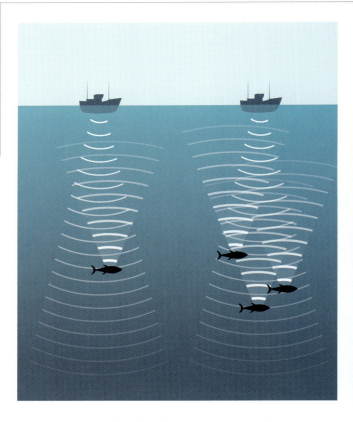

▲ Eén vis weerkaatst één echo; drie vissen weerkaatsen drie echo's. Sommige echo's overlappen elkaar, zodat ze moeilijk apart zijn te ontvangen. De conventionele echopeiler meet geaccumuleerde echoniveaus en geeft het aantal vissen op door het geaccumuleerde totaal te delen door een echoniveau van één vis.

◀ Conventionele echopeilers van vissers zijn zeer betrouwbaar voor het lokaliseren en beoordelen van visvoorraden, maar alleen als de vissoort en -grootte al bekend zijn.

aantal vissen in de uitgezonden ultrasone bundeldoorsnede. Als het echoniveau voor één vis op de uitgezonden frequentie is gekalibreerd, kan het aantal vissen worden berekend. Deze methode wordt wereldwijd gebruikt voor het beheer van visstanden. Het weerkaatsend vermogen van de vis heet de 'doelsterkte', de verhouding tussen het echoniveau en het geluidsniveau. Doelsterkte is te meten met ultrasone frequentiepulsen van een specifieke frequentie in een testtank. De precieze schatting van de doelsterkte is belangrijk voor het beoordelen van de visstand in een specifiek deel van de oceaan. Dat is belangrijk voor overheden die visreserves duurzaam proberen te beheren. Een fout van 10 procent in de schatting van de doelsterkte leidt tot een fout van 10 procent in de schatting van de visreserves en heeft invloed op het vaststellen van het vangstquotum. Voor 1 miljoen ton sardines, bijvoorbeeld, betekent een fout van 10 procent 100.000 ton die wel of niet in een jaar kan worden gevangen, afhankelijk van het resultaat van de meting van de doelsterkte. Als voor elke voorraad en elke soort een doelsterkte bekend is, kunnen conventionele echopeilers visvoorraden beoordelen, ook in rumoerige omgevingen, zolang de soort en grootte van de te vangen vis bekend zijn.

GRENZEN BEREIKEN
Conventionele echopeilers hebben ook nadelen. Zuivere frequentiepulsen zijn niet nuttig voor het classificeren van doelen omdat de echo's beperkte informatie bevatten. We kunnen de intensiteit van de echo alleen meten bij de operationele frequentie. Een harde of zwakke echo wijst op een grote of kleine school vissen. Bovendien hangt de doelsterkte – de akoestische eenheid gerelateerd aan één vis – niet alleen af van de soort, maar ook van de grootte, positie en inwendige structuur van de vis. Dat kan niet worden geschat zonder naar de doelvis in het water te zoeken. Dat leidt tot de paradox dat de beoordeling van visreserves alleen mogelijk is als de vissoort en -grootte bekend zijn. We willen echter de soort van tevoren weten, zonder hem te vangen.

ONDERWATERBIOAKOESTIEK

Hoe doen dolfijnen het?

De biosonar die dolfijnen gebruiken, is een vorm van breedbandsonar. Er zijn diverse frequenties voor doelclassificering te gebruiken en ze worden gewoonlijk geproduceerd door een impuls die veel frequenties tegelijk bevat.

▲ Klopgeluiden zijn praktisch voor het onderscheiden van doelen in echolocatie. Ze leveren belangrijke informatie op, zoals het tikken tegen een triangel een helder, metalliek geluid geeft en een trommel een holler geluid.

Op een watermeloen kloppen is een goed voorbeeld van het gebruik van geluid om timbre te onderscheiden. Als we met dezelfde vinger op verschillende watermeloenen kloppen, kunnen we verschillende timbres horen. Dolfijnen en bruinvissen gebruiken korte ultrasone impulsen met een breedbandspectrum om op verre doelen te 'kloppen'. De echo van een breedbandsignaal bevat veel frequentiecomponenten die de kenmerken van een doel vertegenwoordigen, zoals de heldere toon van een triangel en de holle klank van een trommel. Sommige frequentiecomponenten overleven de weerkaatsing van het doel, andere niet. Dat gebeurt niet als het geluid een zuivere frequentiepuls is, want de echo zal geen andere frequentie bevatten. Een breedbandsignaal is dan ook veel bruikbaarder om de kenmerken van een doel vast te stellen.

Een voordeel betreft het gebruik van identieke impulsgolven. Zelfs met een reeks identieke impulsen hebben de echo's verschillende toonkenmerken, afhankelijk van het doel. Tik eens met een potlood op een laptop en dan op een muis. De toon van de echo is voor elk doel anders. Als we eerst met een potlood op de laptop tikken en dan met een hamer, zullen de geluiden totaal anders zijn, zelfs voor hetzelfde doel. Een handige methode van classificatie is het uitzenden van een reeks identieke impulsen en dan luisteren naar de reacties van het doel. Dolfijnen en bruinvissen produceren reeksen gelijke klikken, die van hun doelen afketsen, vooral prooien. Ze keren als echo's terug, die worden vertaald in informatie over de grootte, vorm en afstand van het doel. Dat is net als vele malen met hetzelfde potlood op een doel tikken.

BIOSONAREXPERTS
Laten we eens kijken naar dolfijnen als biosonarexperts. Met korte impulsen van hoge intensiteit kan een tuimelaar

▲ Dolfijnen kunnen in de donkere diepte van de oceaan 'zien' door klikken uit te zenden en tegen verschillende doelen te laten weerkaatsen.

de dikte, het materiaal en zelfs de vorm van een doel onderscheiden. Getrainde dolfijnen kunnen een simpele ja/nee-reactie geven door een bordje aan te raken als een doel wordt getoond dat ze door training herkennen. Uitgebreide studies van de Amerikaanse marine hebben de verbazingwekkende vermogens van dolfijnsonar aangetoond. De tuimelaar kan een metalen bol van 7,62 cm doorsnede waarnemen op een afstand van 113 meter. Hij kan bovendien een afwijking van 0,3 mm in de wanddikte van een cilindrisch doel waarnemen.

Als u twee identiek gevormde wijnglazen met iets verschillende dikte zou aanraken, zou u ze dan kunnen onderscheiden? Geluid werkt in dit geval beter dan aanraking. Tik eens zachtjes met een lepel tegen de glazen... u hoort het verschil in toon. Dolfijnen kunnen subtiele verschillen in materialen waarnemen, ze maken bijvoorbeeld onderscheid tussen brons, aluminium en koraal. Als de echofrequentie eenmaal in het menselijk gehoor is vastgelegd, kunnen mensen ook onderscheid maken tussen verschillende materialen door naar de echo te luisteren.

AFSTANDEN OPNEMEN

Een ander bijzonder kenmerk van de impulssonar van dolfijnen is de hoge ruimtelijke resolutie. De klik van een dolfijn duurt gewoonlijk erg kort, 50 tot 100 microseconden. In die tijd reist het geluid 7,5 tot 15 cm. De echo's van twee doelen die 15 cm van elkaar liggen, zijn daardoor te onderscheiden. Dit vermogen is voor dolfijnen heel nuttig bij het zoeken van voedsel. Ze moeten op afzonderlijke vissen richten omdat ze hun prooi liever een voor een vangen. Deze voedingsmethode lijkt veel op die van baleinwalvissen, die voor zover men weet geen ultrasonar hebben. Een baleinwalvis opent gewoon zijn bek en krijgt visjes, pijlinktvissen en dierlijk plankton met zeewater naar binnen; als de walvis zijn bek sluit, werken de baleinen als een zeef die de prooi tegenhoudt terwijl het water eruit stroomt.

ONDERWATERBIOAKOESTIEK
Kunstmatige sonar versus dolfijnsonar

Dolfijnen horen binauraal, ze hebben dus net als mensen twee oren om geluidsbronnen te lokaliseren. Ze kunnen de richting van een geluidsbron heel nauwkeurig vaststellen. Dolfijnen en mensen kunnen hun twee binnenoorsystemen gebruiken om zachte geluiden in een rumoerige omgeving te lokaliseren en daarop af te stemmen.

U kunt dat vermogen heel gemakkelijk testen. Vraag aan een vriend vlak voor u te gaan staan en in zijn handen te klappen. Sluit dan uw ogen en vraag of hij een stap naar links of rechts wil doen en weer wil klappen. U kunt gemakkelijk zeggen naar welke kant hij is gestapt. Het verschil in het moment van aankomst en de ontvangen intensiteit van het geluid in uw twee oren zijn aanwijzingen om de richting vast te stellen.

VIER ONTVANGERS
Een meerkanaals-echopeiler heeft gewoonlijk vier kanalen om de geluidsbron in twee dimensies te lokaliseren door verschillen in aankomsttijd en intensiteit van de geluiden tussen de kanalen te gebruiken. Eén paar ontvangers geeft de richting van de echo aan. De derde dimensie, de diepte van de vis, is de gemakkelijkste parameter om te meten, namelijk door de vertragingstijd van de echo uit de geluidsoverdracht te berekenen. Een meerkanaals-echopeiler kan dus de driedimensionale positie van de doelvis meten.

De evolutie heeft dolfijnen niet van nog meer oren voorzien, maar een tuimelaar kan de verticale elevatiehoek met echolocatie vaststellen. Dat kan theoretisch onmogelijk lijken, omdat de aankomsttijd en de intensiteit van het geluid voor het linker- en het rechteroor identiek zouden moeten zijn zolang de geluidsbron in de hartlijn van de dolfijn zit. Er zijn extra akoestische aanwijzingen nodig

 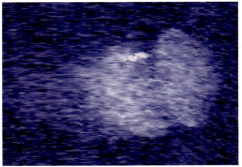

◀ Visueel beeld van de reuzenkwal *Nemopilema nomurai* (links) en (rechts) een akoestisch beeld ervan, gemaakt met de DIDSON akoestische camera. De beelden zijn gemaakt in Wakasa Bay, in de Japanse Zee (met toestemming van Naoto Honda, Fishing Gear and Method Laboratory, National Research Institute of Fisheries Engineering, Fisheries Research Agency).

ULTRASONE BEELDVORMING

Een zwangere vrouw kan haar ongeboren baby zien met behulp van een apparaat voor ultrasone beeldvorming. Dit systeem gebruikt zeer hoogfrequente ultrasone golven van miljoenen trillingen per seconde om een gedetailleerd beeld van de foetus te krijgen. Een serie ontvangers in de ultrasone sonde werkt als een akoestische lens. Met deze technologie kunnen we in de baarmoeder kijken, het geslacht van de foetus vaststellen en hem op afwijkingen controleren.

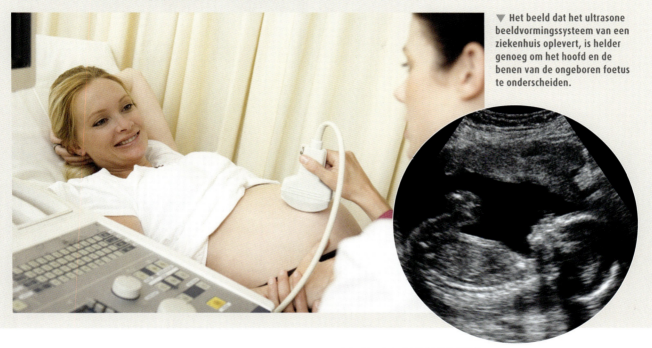

▼ Het beeld dat het ultrasone beeldvormingssysteem van een ziekenhuis oplevert, is helder genoeg om het hoofd en de benen van de ongeboren foetus te onderscheiden.

om de elevatiehoek vast te stellen. De kop van de dolfijn is links en rechts symmetrisch, maar niet boven en onder. De geluidskenmerken veranderen als het geluid door de kop van een dolfijn gaat. Het geluid dat de dolfijn bovenin ontvangt is iets anders dan dat hij onderin ontvangt. Zolang dezelfde impulsgeluiden voortduren, kunnen de echokenmerken de verticale hoek aangeven.

Meer echo's vanaf de onderkant van het wateroppervlak zijn ook een mogelijke aanwijzing. Het mengsel van directe en weerkaatste echo's hangt af van de positie van het doel ten opzichte van de dolfijn, zoals meer echo's in een concertzaal een speciaal akoestisch geluid vormen. Als een orkest dezelfde muziek buiten speelt, klinkt die totaal anders.

AKOESTISCHE BEELDVORMING

Een digitale camera heeft een objectief dat het beeld op een sensor projecteert. De DIDSON, een akoestische camera voor onder water van Sound Metrics Co., heeft een akoestische lens die scherpstelt en een akoestisch beeld vormt. De DIDSON levert zelfs in een volkomen donkere omgeving een zichtbaar beeld van objecten.

Deze onderwatercamera werkt op rotsige, oneffen oceaanbeddingen waar andere apparatuur niet werkt. Hij kan met grotere nauwkeurigheid onderscheid maken tussen verschillende onderwaterplanten en zeewezens, en is geschikt voor streng beveiligde bewakingsoperaties onder water. Hij is ook een effectief middel voor inspecties en onderhoud van pijpleidingen en voor het opsporen van lekkages.

ONDERWATERBIOAKOESTIEK

Inwendige structuren waarnemen

Sonargeluiden van dolfijnen planten zich alleen in water voort, niet in lucht. Dolfijnen kunnen dus geen objecten boven water akoestisch onderzoeken. Toch is er ooit een dolfijn met succes getraind om een visueel beeld van een doel in de lucht te identificeren aan de hand van het akoestische beeld in water.

Toen werd het object in een ondoorzichtige plastic trommel gedaan die wel echo's doorliet. Na een akoestisch onderzoek van de trommel positioneerde de getrainde dolfijn zich voor een van de juiste objecten die visueel in de lucht werden geprojecteerd. Dit suggereert dat de dolfijn de vorm van een object rechtstreeks uit echo's kan afleiden, maar hoe kon de dolfijn de structuur van het doel herkennen?

OGEN EN OREN
Het menselijk oog heeft twee detectoren: kegels en staafjes. Kegeltjes nemen kleuren waar, staafjes zijn gevoelige fotoreceptoren voor lichtniveaus van lage intensiteit. Deze detectoren zijn over het netvlies verspreid. Het beeld dat door de ooglens valt, wordt op het netvlies geprojecteerd, wat tweedimensionale informatie over het doel oplevert – net als bij de digitale camera of het akoestische beeldvormingssysteem van de DIDSON. Dolfijnen en vleermuizen hebben echter slechts twee oren. U kunt misschien de horizontale richting van een piano, cimbalen en violen in een orkest bepalen door te luisteren, maar u kunt niet de vorm van deze instrumenten 'horen'. Ons binaurale gehoor is niet toereikend om tweedimensionale beelden van een object te krijgen door naar het geluid ervan te luisteren.

Onderzoekers hebben geprobeerd dit mysterie te verklaren. Een object van een bepaalde dikte weerkaatst geluiden vanaf het buiten- en het binnenoppervlak, zodat

◀ Dolfijnen kunnen hun uitstekende sonarvermogens niet in de lucht gebruiken omdat hun sonargeluiden zich buiten het water niet goed kunnen voortplanten.

INWENDIGE STRUCTUREN WAARNEMEN

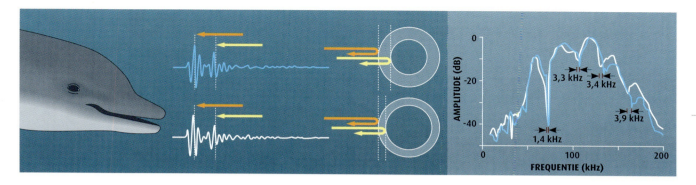

▲ Echo's van een standaardcilinder en een vergelijkingscilinder die 0,3 mm dunner was. De dubbele pulsstructuur van de echo's van het buiten- en binnenoppervlak van de cilinderwand veroorzaakte diverse knopen in het krachtenspectrum rechts. Het verschil in dikte correspondeert met het verschil in frequentie bij de knoop.

elke impuls resulteert in twee echo's die in tijd gescheiden zijn door de dikte van het object. Het frequentiespectrum van twee achtereenvolgende pulsen toont mathematisch een op en neer gaande vorm van spectrumcomponenten volgens de frequentie. De scheiding van de knoop in het spectrum correspondeert met de dikte van het doel.

NAAR BINNEN KIJKEN

Het tijdsverloop van echo's is voorgesteld als een manier om de inwendige structuur van een doel vast te stellen. Een onderzoeker heeft ooit de echo van een vis gemeten met een sonarsignaal dat het signaal van een dolfijn imiteerde. De echo had verschillende impulscomponenten die diverse doelen binnen het lichaam van de vis aangaven, zoals de zwemblaas, de kop en mogelijk de ruggengraat en de rughuid. De aankomsttijd van elke echo werd gemeten en gebruikt om de geometrie van de inwendige organen van de vis te berekenen, die sterk overeenkwam met een röntgenbeeld van dezelfde vis. Deze informatie was voldoende om te zeggen of de vis naderde of wegzwom, omdat de echostructuren vanaf de voorkant en achterkant van de vis verschillend waren.

Dit systeem kon in een toekomstige richtingsdetector voor de vissen worden gebruikt, die leek op het ultrasone beeldvormingssysteem dat de richting van de bloedstroom in een mensenhart toont. Het is duidelijk dat we nog veel kunnen leren over de sonarvermogens van dolfijnen. Als een dolfijn eenmaal diepte-informatie vanuit een specifieke richting heeft, kan hij om het doel heen zwemmen en het uit verschillende richtingen scannen, wat driedimensionale reconstructies mogelijk zou maken. Dat is echter louter speculatie. We hebben nog een lange weg te gaan om de mysteries van sonarherkenning van dolfijnen te begrijpen.

▶ Röntgenopname van een vis. Een zwemblaas is de belangrijkste geluidsreflector, maar de kop, de schedel, de ruggengraat en zelfs de huid kunnen een geluid in zekere mate weerkaatsen. De echostructuur, die afhankelijk is van de positie van elke reflector, zou een sleutel tot het classificeren van doelen kunnen zijn.

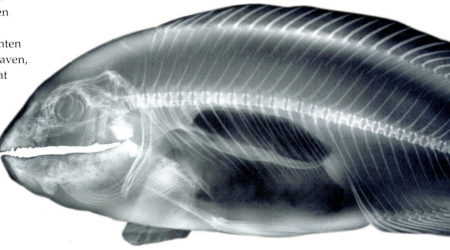

ONDERWATERBIOAKOESTIEK

Het verscherpen van het sonarbeeld

Een juiste scherpstelling is heel belangrijk om duidelijke beelden van een doel te krijgen. Optisch scherpstellen is een goed ontwikkelde techniek in foto- en videocamera's. Het scherpstellen van de eerste camera's werd met de hand gedaan, maar moderne camera's hebben autofocus en zelfs automatische gezichtsherkenning.

Als het objectief eenmaal op een gezicht scherpstelt, zal de camera een scherp omlijnd beeld opvangen terwijl de omringende objecten vaag kunnen zijn. Licht van de contouren van het gezicht wordt door het objectief gebroken en vormt dezelfde contouren op het camerabeeldscherm. Licht van objecten op verschillende afstanden wordt langs verschillende banen door het objectief gebroken en lichtpunten die niet scherp zijn worden over het scherm verspreid.

TIJDSVERTRAGING

De sonar van dolfijnen en bruinvissen heeft een scherpstelfunctie, maar het mechanisme is anders. Deze wezens passen de timing van de geluidsoverdracht aan in plaats van de teruggekaatste golven te besturen om zich op een echo te kunnen richten. Sonarsignalen van dolfijnen hebben allerlei ultrasone pulsgeluiden. Een dolfijn zendt de tweede puls pas uit als hij de echo van de eerste heeft ontvangen. De geluidssnelheid in water is ongeveer 1500 meter per seconde. Als het doel op 15 meter afstand is, wacht de dolfijn minstens 0,02 seconden voordat hij het volgende geluid produceert, want zo lang heeft het geluid nodig om de 30 meter naar en van het doel af te leggen. Dolfijnen wachten in feite iets langer en die extra tijd wordt gebruikt om het echosignaal te verwerken. Ze kunnen de afstand naar het doel vaststellen door de tijd te meten die de echo nodig heeft om terug te keren.

Dit lijkt op een balspel. Een jongen gooit een bal naar zijn vriend. Zijn vriend gooit

◀ Zoals kinderen in een balspel lang genoeg wachten om de bal heen en weer te laten gaan en hem te vangen en te gooien, wacht een dolfijn lang genoeg om een echo terug te laten keren en te verwerken, om te voorkomen dat hij op de volgende botst.

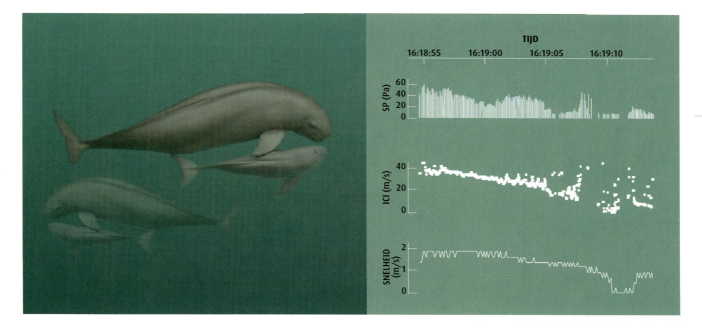

▲ Een Indische bruinvis verlaagde de interval tussen klikken (*inter-click interval*, ICI) en de geluidsdruk (*sound pressure*, SP) toen hij een potentieel doel naderde. Intussen werd de tijdsvertraging van de echo vanaf het doel verminderd. De bruinvis bleef bewegen, wat gemeten werd met een snelheidsmeter die aan het dier bevestigd was.

de bal terug. Dan kan de jongen de bal weer naar hem gooien. Ieder van hen hoeft niet lang te wachten met de bal in zijn hand; ze hebben na het vangen van de bal maar een paar seconden nodig om hem weer te gooien. Als de jongens twee ballen hebben, wordt de timing gecompliceerd en kunnen ze het spel niet spelen. Zo ook wacht een dolfijn op de echo om te voorkomen dat hij de volgende verstoort – als twee ballen die tegen elkaar botsen. Dolfijnen 'gooien' tientallen, soms honderden ultrasone pulsen om een doel te raken, maar ze verwerken ze stuk voor stuk.

Als een jongen met de bal blijft spelen, maar naar zijn vriend toe loopt, wordt de tijd om de volgende bal te vangen korter. Als een dolfijn een doel nadert, verkleint hij de interval tot de volgende puls.

DOPPLERVERSCHUIVINGEN

Vleermuizen meten de relatieve snelheid van hun prooi met dopplerverschuivingen. Een dopplerverschuiving wordt gehoord in de verandering van toonhoogte van de sirene van een ambulance als hij nadert, langskomt en wegrijdt. De sirene klinkt hoger als hij nadert en lager als hij is langsgekomen. De verschuiving in toonhoogte hangt af van de snelheid van de geluidsbron. Vleermuizen produceren net zulke frequentiepulsen als een conventionele echopeiler. De echo die door een naderend insect wordt weerkaatst, heeft een hogere frequentie dan de frequentie die oorspronkelijk door de vleermuis is geproduceerd. Als het insect wegvliegt, zal de toon lager zijn. De vleermuis weet de relatieve snelheid van en de afstand tot de prooi en kan daarmee de positie van het doel voorspellen, een paar seconden voordat hij hem pakt.

Dolfijnen en bruinvissen lijken geen dopplerverschuivingen te gebruiken voor snelheidsmetingen. Hun pulsen zijn te kort om de kleine verschuivingen waar te nemen. Ze vinden de baan naar een doel door herhaaldelijk echo's ervan op te vangen.

ONDERWATERBIOAKOESTIEK

Naar een dolfijnmimetische sonar

Grote verschillen tussen een dolfijnsonar en conventionele echopeilers van vissers zijn de karakteristieken van de breedbandfrequentie en de hoge ruimtelijke resolutie van de eerstgenoemde. Ingenieurs en wetenschappers proberen nieuwe echopeilers met zulke vermogens te ontwikkelen.

Een grote fabrikant van akoestische apparatuur voor de visserij, SIMRAD, in Oslo (Noorwegen), heeft een meerstraals-echopeiler ontwikkeld, de ME70. Dit systeem werkt in het grensgebied van 70-120 kHz, niet in één frequentie. De frequentierespons van verschillende grootten en soorten vis is te identificeren met de breedbandfrequentierespons van de vissen. SciFish model 2100, van Scientific Fishery Systems, Anchorage (Alaska), gebruikt een frequentie van 60-120 kHz om een breedbandrespons van vissen te krijgen. Het apparaat is getest op vrij zwemmende Amerikaanse rivierharingen, regenboogspieringen en *Coregonus hoyi* (een zalmachtige vis) in

DOLFIJNSONAR-SIMULATOR
De breedbandechopeiler, die de echopeiler van een dolfijn simuleert, kan veel nauwkeuriger onderscheid tussen vissen maken dan conventionele echopeilers. Als we inzoomen op de beelden van een school Japanse ansjovis (*Engraulis japonica*), genomen door een conventionele echopeiler en de dolfijnsonar-simulator (rechts), kunnen we zien dat elke baan van zwemmende vissen met de dolfijnsonar-simulator te herkennen is, terwijl de conventionele echopeiler slechts een beeld met beperkte resolutie geeft en de vissen niet kan onderscheiden.

VERGELIJKING VAN ECHOGRAMBEELDEN VAN JAPANSE ANSJOVISSEN

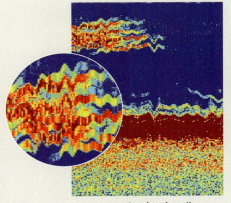

Conventionele echopeiler

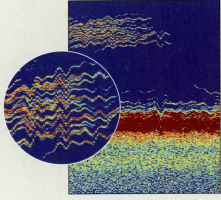

Dolfijnmimetische echopeiler

▶ We leren momenteel zeedieren te onderscheiden zoals dolfijnen dat doen. We weten nu bijvoorbeeld dat inktvissen echo's weerkaatsen die één piek hebben, met soms een zachtere, secundaire piek.

de Grote Meren (Noord-Amerika). Er werd een computernetwerk opgezet om de echo's van verschillende soorten te bestuderen. Uit tests bleek dat het apparaat sommige vissen met 80 procent nauwkeurigheid kon identificeren.

Met breedbandecholocatiesignalen van dolfijnen werd de verstrooiing (echo's die van de bron van het geluid weggaan) van zeedieren gemeten. De echo's van lantaarnvissen en garnalen hadden gewoonlijk twee pieken: een van het oppervlak van het dier dat het dichtst bij de echopeiler was, en een die waarschijnlijk afkomstig was van het signaal dat door het lichaam van het dier ging en tegen diens tegenoverliggende oppervlak weerkaatste. De echo's van pijlinktvissen bestonden voornamelijk uit één piek, maar soms hadden ze een tweede piek met een lage amplitude.

De zeer hoge resolutie van een echopeiler met korte puls werkte goed in het onderscheiden van individuele vissen in een school Japanse ansjovis. Dit systeem, een 'dolfijnsonarsimulator', zendt sonarsignalen van een tuimelaar uit en heeft een breedbandomzetter en -ontvanger voor 70-120 kHz. Zelfs in een dichte groep vissen herkende de dolfijnmimetische sonar veel afzonderlijke sporen, terwijl de conventionele echopeiler een beeld in relatief lage resolutie van de school gaf. Met hoge ruimtelijke resolutie en breedbandechokenmerken zal het vaststellen van de grootte en soort vis ook in een dichte groep gemengde vissen mogelijk zijn.

CONCLUSIE
Nauwkeurige classificatie en identificatie van onderwaterdoelen is belangrijk, niet alleen voor visserijonderzoeken, maar ook voor veiligheidsmaatregelen onder water. Onderzoekers hebben onlangs geprobeerd dolfijnsonar na te bootsen. De volgende stap is belangrijke akoestische kenmerken vast te stellen, die waarschijnlijk in elke echo zitten, om doelen van elkaar te onderscheiden. De analyse van ruimtelijke en frequentiestructuren van de echo's van verschillende soorten doelen zal daarbij van pas komen.

Breedbandsonar wordt sterker beïnvloed door geluidsbesmetting dan conventionele smallebandsonar en er zijn nog steeds weinig maatregelen tegen ruis. Daarom dienen ingenieurs de breedbandoverdrachtsefficiëntie te verbeteren en het lawaai van schepen te verminderen. Om van breedbandsonar een commercieel product te maken moeten we de grote omvang en het hoge energieverbruik van het huidige systeem aanpakken. Intussen vergt de ontwikkeling van een breedbandsonarsysteem voor het vinden en classificeren van onzichtbare doelen meer onderzoek naar de mechanismen van dolfijnsonar, die zich hebben ontwikkeld voor de overleving van dolfijnen. Gelukkig zijn er nu elementaire technologieën voor het simuleren van breedbanddolfijnsonar dankzij de snelle technologische vooruitgang. Daarom zal in de nabije toekomst op dolfijnen geïnspireerde breedbandsonar een onmisbaar gereedschap zijn om onder water objecten te 'zien'.

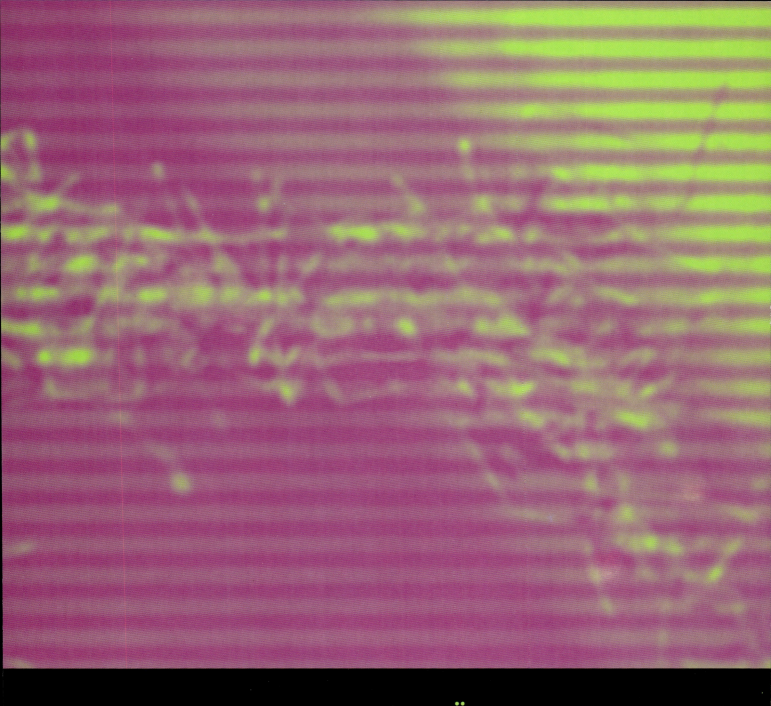

4 | COÖPERATIEF GEDRAG

COÖPERATIEF GEDRAG

Inleiding

Coöperatief gedrag is bij veel succesvolle groepen dieren te zien en dat gedrag bereikt een piek in de kolonies van sociale insecten zoals bijen en mieren. Hun gespreide systemen voor waarneming, synthetiseren en besturen hebben enkele van de sociaal geavanceerdste niet-menselijke organismen voortgebracht.

Ze zijn zo succesvol dat ze, hoewel ze een heel klein deel van de bekende insectensoorten uitmaken (ongeveer 2 procent), meer dan de helft van de biomassa vormen. Alleen al de mieren hebben ongeveer dezelfde biomassa als mensen – iets om over na te denken. Deze insectenkolonies zijn beslist uitmuntend en inspirerend. Zulke succesvolle groepen kunnen inzicht bieden in zelforganisatie en coöperatief gedrag. Dat kunnen we gebruiken in het ontwerp van technische systemen zoals teams van robotvoertuigen en om onze huidige methodologieën en technieken te verbeteren en op operationeel gebied de efficiëntie te verhogen. We geven hier een verslag van hoe dat zou kunnen worden aangepakt en welke lessen tot nu toe zijn geleerd. We kijken eerst naar enkele aspecten van coöperatief gedrag en naar de dieren waarin dit tot een hoog niveau van verfijning is ontwikkeld.

◀ Teamwork stelt klimmers in staat grotere hoogten te bereiken dan ze afzonderlijk zouden kunnen.

▶ Op de maan landen of in een spaceshuttle rond de aarde draaien is alleen mogelijk met verregaande teamorganisatie.

ONDERDEEL VAN EEN TEAM

Het begrijpen van groepsgedrag van mensen – bijvoorbeeld de interacties en reacties op economische gebeurtenissen en hun gevolgen voor de financiële markten – is een waardevol hulpmiddel bij het voorspellen van potentieel grote fluctuaties. Coöperatief gedrag is op zich fascinerend en wordt steeds meer bestudeerd, maar het is vooral interessant voor de organisatie en het managen van teams. Als we bijvoorbeeld op het gebied van de robotica van het besturen van afzonderlijke apparaten doorgaan naar de ontwikkeling van teamwerk, kunnen we misschien leren van het coöperatieve gedrag van dieren en hopelijk snel komen tot de implementatie van succesvolle strategieën. Dat is vooral belangrijk voor robotvoertuigen, waarbij afzonderlijke, dure voertuigen steeds meer worden vervangen door een team van kleine, goedkope voertuigen. Een team kan een onderzoeksgebied sneller afwerken en ook ingebouwde redundantie en weerstand tegen gebreken creëren. Als een voertuig verloren gaat, kan het team toch zijn missie voltooien. Het probleem is nu hoe we een team zodanig kunnen organiseren dat het de beste prestaties levert.

De wereld is vol succesverhalen van teamwerk als de denkkracht van de teamleden wordt geactiveerd, gecombineerd en in een project gekanaliseerd. Het bleek mogelijk mensen op de maan te laten landen, zelfs met de beperkte computerkracht die in de jaren 1960 beschikbaar was. Ongelooflijke technische bouwprojecten zoals de Kanaaltunnel tussen Engeland en Frankrijk zijn voltooid, ondanks schijnbaar onneembare obstakels. Toen Hillary en Tenzing in 1953 op de top van de Mount Everest stonden, waren ze volkomen afhankelijk van de piramidestructuur van een groot team dat kampen opzette en voedsel en uitrusting transporteerde naar strategische punten langs de route. Het management van zo'n team is cruciaal voor het succes en het was beslist een van de belangrijkste redenen waarom dit team slaagde waar andere faalden. Een heldere structuur van het delegeren van verantwoordelijkheden is van essentieel belang.

Mensen hebben een aanzienlijke intelligentie, die we steeds meer beginnen te begrijpen, maar het neurale netwerk is zo complex dat soortgelijke netwerken niet bruikbaar zijn in technische systemen. Toch beginnen we zeer vereenvoudigde versies van neurale netwerken toe te passen om enkele voordelen van informatiesynthese en eenvoudige besluitvorming te benutten. Maar misschien kunnen we voor de ontwikkeling van teams van coöperatieve technische systemen meer leren als we naar het groepsgedrag van dieren kijken.

COÖPERATIEF GEDRAG

Veiligheid in aantallen

Het idee dat vissen scholen vormen is zo bekend van natuurfilms op televisie dat we het vaak als iets heel gewoons beschouwen. Scholen vissen kunnen zo vertrouwd worden dat we nooit de vraag stellen waarom vissen in scholen zwemmen. Er zijn enkele mogelijke redenen.

Veiligheid in aantallen betekent dat als een roofdier aanvalt, de kans kleiner is dat een individuele vis wordt gevangen. Een groot aantal zintuigorganen verhoogt de waakzaamheid aanzienlijk en ook het vermogen een aanval af te slaan. Sociale interactie is ook een belangrijke drijfveer voor schoolvorming, evenals de kans op voortplanting. De waarneming van voedselbronnen wordt groter, maar de behoefte is ook groter. Bovendien kan de vis aan de rand van de school misschien wel eten, maar voor vissen in het midden kan het moeilijker zijn. Het leven middenin is misschien wel veiliger, maar vissen moeten naar de rand om te eten en dat verhoogt weer het risico een prooi te worden. Het leven blijft problematisch, zelfs voor een school, maar toch wegen de voordelen duidelijk op tegen de nadelen en daarom leeft ongeveer een kwart van alle vissen constant in scholen en ongeveer de helft een deel van hun leven.

Schoolgedrag wordt over het algemeen opgevat als op een gecoördineerde manier in dezelfde richting zwemmen, zoals heel goed is te zien in de ongelooflijke aantallen migrerende sardines. Dit kan leiden tot hogere hydrodynamische efficiëntie, zoals bij ganzen die in V-formatie vliegen om aerodynamisch voordeel van wervelingen bij hun vleugeltoppen te hebben. Groepsgedrag kan leiden tot verbazingwekkende bewegingspatronen, zoals te zien is bij scholen vissen die door roofdieren worden aangevallen.

Kan zulk groepsgedrag lessen bevatten voor het ontwerp van technologische systemen? Laten we onder water kijken naar een voorbeeld dat al beloften inhoudt.

▼ Een school vissen biedt veiligheid door aantallen en sociale interactie, terwijl de school het zwemmen efficiënter maakt omdat de vissen binnenin minder weerstand van water ondervinden.

◀ Zwermen spreeuwen voeren prachtige patronen uit voordat ze naar hun roest terugkeren. Waarom? Dat wordt onderzocht.

▶ Autonome onderwatervoertuigen kunnen gebieden onderzoeken die te gevaarlijk zijn voor bemande onderzeeërs, maar zijn zeer duur.

DE OCEAANWERELD VERKENNEN

De zeeën beslaan ongeveer 70 procent van onze planeet en er valt nog veel te onderzoeken. Men zegt dat we meer over de ruimte weten dan over de oceanen. Onderzoek van de onderwaterwereld is interessant en belangrijk, niet alleen om meer van die wereld en het leven erin te begrijpen, maar ook om duurzame energiebronnen te kunnen gebruiken. Het economisch belang van onderwateronderzoek en de noodzaak potentiële risico's in zeer diep water te verkleinen hebben geleid tot de ontwikkeling van onbemande onderwatervoertuigen (*unmanned underwater vehicles*, UUV's). Een voorbeeld is Autosub, een baanbrekend voertuig dat in Groot-Brittannië is ontwikkeld door de Natural Environment Research Council. Autosub is bij verkenningsmissies gebruikt voor het bekijken van aardverschuivingen die tot aardbevingen in diepzeegebieden kunnen leiden en voor het bestuderen van de effecten van klimaatverandering onder de ijskap van de Noordpool. Voor bemande duikboten zou het werken onder de ijskap een aanzienlijk veiligheidsprobleem zijn – zelfs voor onbemande vaartuigen is het zeer riskant. De technische risico's stellen zeer hoge eisen aan het ontwerp en het verlies van een vaartuig zou heel kostbaar zijn.

SUPERSUB

Autosub is 7 meter lang en bijna 1 meter in doorsnee. Hij heeft een actieradius van bijna 500 km of zes dagen, afhankelijk van de energiebehoefte. Hij heeft tot nu toe bijna 300 missies volbracht, waarvan de langste 257 km in 50 uur was. Hij heeft alleen meer dan 1931 km gereisd; de diepste duik was meer dan 1000 meter. Indrukwekkende cijfers. De tewaterlating en berging van Autosub vinden plaats vanaf een onderzoeksschip en is kostbaar. Vanwege de fysische, biologische en chemische sensoren aan boord en het operationele bereik zijn de verzamelde gegevens echter niet alleen uiterst waarde-

vol, maar ook onmogelijk met conventionele middelen te verkrijgen. Zulke gegevens worden gebruikt bij onderzoek op het gebied van onderwatergeologie, oceaanbiochemie, ecosystemen en de temperatuur van de oceaan, die het klimaat beïnvloedt.

De besturing van het vaartuig verloopt via een roer en vinnen op de achtersteven, die worden bediend door de automatische piloot aan boord. Die regelt ook de schroeven en het variabele drijfsysteem. Autosub is onder water voornamelijk autonoom omdat hij geen verbindingsdraden met het moederschip heeft. Voor de positiebepaling moet hij aan het oppervlak komen, waar hij kan communiceren met een satelliet, indien nodig zijn koers kan aanpassen en weer daalt.

COÖPERATIEF GEDRAG

Meer is beter

Vaartuigen als Autosub (zie blz. 93) zijn belangrijk voor onderwateronderzoek. De kosten van de ontwikkeling en het gebruik vormen een barrière. Er wordt gezocht naar manieren om goedkopere vaartuigen te ontwikkelen die gemakkelijk in serie zijn te bouwen en tot teams samen te voegen om een gebied efficiënter te onderzoeken.

Subzero is zo'n vaartuig. Dit torpedovormig vaartuig is 90 cm lang en 10 cm in doorsnee. Het heeft een cilindrische romp van perspex en een verwijderbare neus en staart. De aandrijving komt van een gelijkstroommotor van 250 W met magneten van samarium-kobalt. De motor draait 16.000 tpm en wordt gevoed door een NiCd-accupakket van 9,6 V. De vier stuurvlakken, onderling verbonden richtingroeren en twee onafhankelijke diepteroeren, worden bediend met servomotoren van modelvliegtuigen. Het vaartuig wordt bestuurd door een computer op de kust die communiceert via een elektriciteitskabel die de ingebouwde seriële poorten van twee Motorola 68HC11-microcontrollers gebruikt, een aan boord van het vaartuig en een in de besturingscomputer op een communicatiekaart. De communicatiekabel brengt commando's en sensorgegevens tussen de computer en het vaartuig over. Dit systeem wordt vervangen door een akoestisch communicatiesysteem, zodat het vaartuig vrij kan varen. Er is veel onderzoek verricht naar besturingsschema's voor dit vaartuig, die zeer complex zijn en gewoonlijk met slechts een of twee aandrijfassen verbonden zijn. Toch is de ontwikkeling van alle subsystemen te gebruiken om nog kleinere vaartuigen te bouwen die in de toekomst samenwerkende UUV-teams kunnen vormen. Het coöperatieve gedragsaspect van een team van UUV's is een groter probleem. De biologie bevat misschien aanwijzingen voor de beste aanpak. Voordat we naar lessen uit de biologie kijken, zullen we naar enkele opties langs de nu gebruikelijke routes kijken.

▼ Subzero is een klein, goedkoop vaartuig dat kan worden gedupliceerd om een team te vormen, maar we moeten nog een manier ontwikkelen om het groepsgedrag te coördineren.

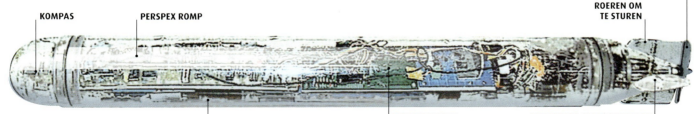

KOMPAS
PERSPEX ROMP
NICD-ACCU'S
ELEKTRONISCHE CIRCUITS EN COMPUTER
DIEPTEROER OM TE DUIKEN EN AAN DE OPPERVLAKTE TE KOMEN
ROEREN OM TE STUREN
SCHROEF

▼ Eén vaartuig verkent een gebied op de zeebodem in een zogeheten 'grasmaaier'-patroon; een team zou hetzelfde gebied efficiënter kunnen verkennen.

▶ De besturing van een team straaljagers in strakke formatie is buitengewoon problematisch. Een leider-volgerorganisatie werkt goed.

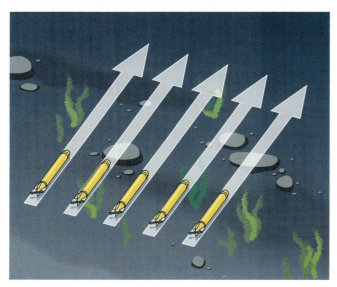

WIE HEEFT DE LEIDING?

Eén enkel vaartuig zou in een 'grasmaaier'-patroon moeten bewegen om een gebied te doorzoeken, maar een team kan in formatie 'vliegen' en hetzelfde gebied veel sneller doorzoeken. Hoe besturen we zo'n team? Het besturen van één vaartuig is al lastig, maar breid dit uit tot een heel team en we hebben een grote ontwerpuitdaging. Individuele vaartuigen in een team moeten hun snelheid en positie kunnen blijven regelen, maar hoe ze als team optreden en georganiseerd worden is een probleem van een hoger niveau dat niet gemakkelijk is op te lossen. Een leider-volgerstructuur is aantrekkelijk omdat het in teams van mensen met succes wordt gebruikt, maar het is kwetsbaar bij uitval van de leider. Als het leidende vaartuig een storing krijgt, zou een van de volgers zijn rol moeten overnemen of de missie zou moeten worden afgebroken. Deze rolwisseling zou een andere reeks problemen opwerpen. Als we naar het militaire scenario kijken, is er een bevelsstructuur die van bovenaf goed is geregeld. De bevelhebber wordt gesteund door teamleiders, navigators enzovoort, en we kunnen die structuur in ons team van vaartuigen toepassen. Dat is weer kwetsbaar voor verlies van een vaartuig boven in de hiërarchie. Een wijziging van verantwoordelijkheid in het team zou zeer grote problemen met zich meebrengen zoals het herverdelen van taken, communicatieproblemen enzovoort. Het verlies van één goedkoop voertuig zou een probleem zijn, maar het verlies van een heel team door uitval van een navigator is weer heel wat anders!

COÖPERATIEF GEDRAG

De leiding nemen

Misschien biedt de biologie ons de oplossing van het probleem van groepsbesturing. Het is moeilijk groepsgedrag te bestuderen vanwege het grote aantal betrokken dieren. Er zijn eenvoudige modellen gecreëerd om dit gedrag te verklaren en als beschrijvingen te dienen voor het ontwerp van nieuwe benaderingen van traditionele problemen.

Eenvoudige wiskundige modellen van verzamelingen dieren worden gewoonlijk ontwikkeld volgens regels als:
- vermijd botsingen met buren
- blijf dicht bij buren
- beweeg in dezelfde richting als buren.

Zo'n model is Boids ('*birdlike objects*'), ontworpen door een expert in kunstmatig leven en computergrafieken, Craig Reynolds (1987), om met zeer eenvoudige regels gecoördineerde dierenbewegingen te simuleren zoals in zwermen vogels en scholen vissen. Het model beschrijft de interacties van individuele 'agenten' met gedrag dat wordt beperkt door een stel eenvoudige regels op basis van de posities en snelheden van naburige soortgenoten. Met andere woorden, de dieren reageren alleen binnen een kleine, begrensde omgeving. Uit deze regels volgen realistische gedragspatronen, zoals op Reynolds' website is te zien. Het model biedt niet alleen een nuttige illustratie van kuddegedrag, maar kan ook de basis vormen van autonome personages in computeranimatie en -games. Het is bijvoorbeeld gebruikt in animatiefilms zoals *Batman Returns* (1992), waarvoor aangepaste Boids-software werd ontwikkeld om zwermende vleermuizen en samendrommende pinguïns te simuleren.

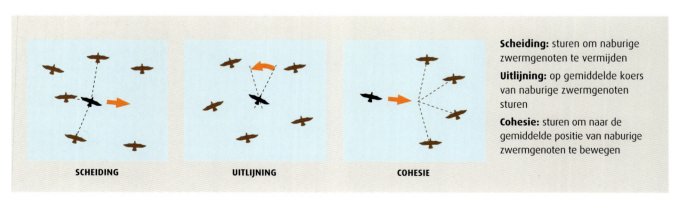

Scheiding: sturen om naburige zwermgenoten te vermijden

Uitlijning: op gemiddelde koers van naburige zwermgenoten sturen

Cohesie: sturen om naar de gemiddelde positie van naburige zwermgenoten te bewegen

◀ Coöperatief diergedrag zou kunnen helpen bij het organiseren van teams van autonome onderwatervoertuigen om obstakels te vermijden.

SAMENWERKEN

We keren terug naar ons probleem van het besturen van een team van kleine onderwatervoertuigen. Er is een computersimulatie gecreëerd waarin een stel Boids-achtige regels is gebruikt om een UUV-team naar een bestemming te navigeren, onderweg obstakels te laten vermijden en getijdenstromingen het hoofd te laten bieden. De dynamische kenmerken van elk voertuig, gemodelleerd naar Subzero, werden binnen elke 'agent' opgenomen om realistische bewegingen te maken op grond van een verandering van bestemming.

De illustratie hierboven toont de kritische sporen die door elk voertuig van een team van vijf UUV's werden gevolgd toen ze een missie naar een bestemming ondernamen en onderweg obstakels moesten vermijden. De voertuigen gaan in formatie, beginnen in een rechte lijn

◀ Het Boids-model gebruikt slechts drie eenvoudige regels om de gecoördineerde beweging te verklaren die te zien is in groepen dieren zoals zwermen vogels of scholen vissen.

en moeten naar een klein rechthoekig doel rechtsboven (hier niet zichtbaar) gaan. Dit is natuurlijk tweedimensionaal en met veranderingen in diepte wordt geen rekening gehouden, maar die dimensie zal in de toekomst worden toegevoegd. Het succes van de missie is echter duidelijk en houdt een belofte in voor de bio-geïnspireerde benadering, die een veel simpeler strategie voor navigatie en besturing biedt dan de bekende methoden. Gewoonlijk zouden er sensoren aan boord van de voertuigen nodig zijn, die net zo werken als het gezichtsvermogen bij vogels en vissen met hun zijlijn, een zintuigorgaan langs de zijkant van hun lichaam dat hydrodynamische informatie biedt.

Om het kuddemodel op een hoger niveau toe te passen proberen onderzoekers van het samenwerkingsverband StarFlag het gebrek aan experimentele gegevens op te heffen door de basiswetten van collectief gedrag en zelforganisatie in groepen dieren in drie dimensies te zoeken. Ze hebben overeenkomsten gevonden tussen de vorming van zwermen vogels en scholen vissen, modellen die al waren opgesteld. Nadat ze waren gewijzigd om rekening te houden met het gedrag en de interacties van vogels, leidden ze echter tot een verandering in patronen en produceerden ze de variabele vluchtpatronen in zwermen spreeuwen. Vogels blijken op zes of zeven buren te reageren, ongeacht hun onderlinge afstand. In vroegere modellen speelde de interactie zich af tussen alle vogels binnen een bepaalde afstand. Deze kleine verandering in een model leidde tot aanzienlijke veranderingen in gedrag.

Omdat het collectieve gedrag van mensen ook afhankelijk is van individuele interacties, onderzoeken de medewerkers van StarFlag de mogelijkheid om modellen en technieken op grond van zwerm- en schoolgedrag over te dragen op het begrip van collectieve economische keuzen – 'socio-economisch kuddegedrag'. Dit kan leiden tot methoden voor het matigen van excessieve marktfluctuaties, of in ieder geval tot een begrip van hoe deze fluctuaties ontstaan vanuit menselijk perspectief.

COÖPERATIEF GEDRAG

Coöperatief gespreide 'intelligentie'

De dominantie van sociale insecten – mieren, bijen, wespen en termieten – is ongetwijfeld te danken aan hun coöperatieve gedrag, waardoor kolonies zijn ontstaan die tot de sociaal geavanceerdste niet-menselijke organismen behoren. Sociale insecten zijn de succesvolste van de op het land levende geleedpotigen.

Om inzicht te krijgen in de wereld van sociale insecten kijken we naar een bijenkolonie. Er zijn verschillen tussen bijen en de andere groepen, maar er zijn patronen te zien die nuttig zijn voor technologische ontwikkelingen.

DE BIJENKOLONIE

Veel mensen denken dat een bijenkolonie wordt bestuurd door de koningin. Mis! De koningin is een eierlegmachine. Ze scheidt een chemische boodschapper af, een feromoon, die de kolonie vertelt dat alles goed met haar gaat. Naar naarmate de kolonie groter wordt, kan dat echter minder worden en kan het zwerminstinct opkomen de kolonie te splitsen. Een kolonie is als een geïntegreerd en onafhankelijk wezen met een eigen emergente groepsintelligentie. Emergentie is de naam voor de ontwikkeling van complexe systemen uit een groot aantal relatief eenvoudige interacties. Darwin ontdekte dat bijenkolonies niet in zijn evolutietheorie, zoals geformuleerd in *Het ontstaan van soorten*, pasten vanwege de ongebruikelijke voortplantingsstructuur van de kolonie (zie hierna). Uiteindelijk besefte hij dat de kolonie als een eenheid was te beschouwen vanuit het perspectief van natuurlijke selectie. Individuele bijen wedijveren niet met elkaar en dat geldt ook voor andere sociale insectenkolonies, vandaar de beschrijving van de kolonie als een geïntegreerd wezen. Wat betekent dat? Laten we in de korf kijken en een deel van de complexe, maar in principe eenvoudige organisatie onthullen.

◂ Werkmieren vormen levende ketens om kloven in een spoor te overbruggen om voedsel en teamgenoten naar de overkant te transporteren.

COÖPERATIEF GESPREIDE 'INTELLIGENTIE'

◀ Honingbijen bouwen en breiden in de korf uit in ruimten boven de honingraten.

▼ Een koningin met werkbijen die haar verzorgen. Ze staat op het punt een eitje in een lege cel te leggen.

ZWERMINTELLIGENTIE

In wezen is geen enkele bij de leider van de kolonie of heeft hij zelfs maar een overzicht van de kolonie als geheel. Er bestaat geen centraal brein, maar de kolonie heeft een verspreid sensornetwerk van geïntegreerde regelsystemen met terugkoppeling. Deze netwerken produceren consensusbeslissingen op grond van zwermintelligentie. Om na te gaan hoe dit van onderaf werkt, moeten we in de structuur en de organisatie van de korf duiken.

In de korf biedt de honingraat ruimten voor het grootbrengen van nakomelingen en het opslaan van voedselvoorraden. Hij dient ook als communicatiesysteem, hij is een integraal deel van het superorganisme. Bijen brengen het grootste deel van hun tijd in of op de raat door en zelfs werkbijen zitten er ruim 90 procent van hun leven. De honingraat is een bijzondere structuur van was die door jonge bijen wordt afgescheiden. De zeshoekige structuur wordt in totale duisternis gebouwd en hangt verticaal; de afstand tussen raten is zodanig dat bijen elkaar ruggelings kunnen passeren zonder elkaar te hinderen (8-10 mm). De dikte van de celwanden wordt precies op 0,08 mm gehouden, de hoek tussen de celwanden is 120 graden en de vloer van elke cel helt licht naar de celbasis. De raat is een bijzondere structuur, die al vele jaren ingenieurs en wiskundigen inspireert.

De meeste dieren paren (soms levenslang) om nakomelingen voort te brengen, die zich op hun beurt voortplanten. Honingbijen zijn anders, evenals sommige andere sociale insecten. Aan het begin van het 'seizoen' (vroeg in het voorjaar) bestaat de kolonie uit steriele werksters, die uit bevruchte eitjes zijn ontwikkeld, en de vruchtbare koningin. Het aantal werksters breidt zich uit en er komt steeds meer activiteit als het verzamelen van voedsel op gang komt.

De koningin legt één bevrucht eitje in elke cel van het broednest. Hieruit komt een larve die groeit en zich verpopt in de cel die door de werksters met was is verzegeld. Als de nieuwe werkbij tevoorschijn komt, doorloopt ze enkele fasen van activiteiten zoals het schoonmaken van cellen, bouwen met was, jongen verzorgen en binnendringers bij de ingang tegenhouden. Als ze oud genoeg is, wordt ze een werkbij en verlaat ze het nest om nectar en stuifmeel te verzamelen.

COÖPERATIEF GEDRAG

De kolonie verjongen

Aan het begin van de zomer bouwen werkbijen iets grotere cellen, waarin de koningin onbevruchte eieren legt. Hieruit komen de grotere, mannelijke honingbijen (darren). Op dat moment zijn de koningin en de darren in wezen de voortplantingsorganen van de kolonie, terwijl werkbijen de 'hartslag' in stand houden.

Darren hebben een goed, maar betrekkelijk kort leven; ze werken niet echt voor de korf. Ze zijn er om met een jonge koningin (een prinses) te paren, die door de kolonie wordt grootgebracht. Dat gebeurt als de kolonie de behoefte voelt om zich te splitsen, zoals een tuinier een plant scheurt die te groot is geworden voor de plek waar hij staat. Dat gedrag kan op gang komen doordat er minder feromoon van de koningin bij de bijen komt als de kolonie in goede tijden groter wordt en bij overvloed van voedsel. De werksters bouwen een paar speciale cellen die als een slinger aan de voorkant van de korf komen te hangen. In elk van deze cellen wordt een eitje gelegd, dat wordt gevoed met koninginnegelei, een zeer rijk mengsel dat leidt tot de geboorte van een toekomstige koningin. Als er een hemel is voor een bijenlarve, moet dit hem wel zijn – zo'n weelderige omgeving. Als ze eenmaal is uitgekomen, zal de nieuwe prinses de andere zich ontwikkelende, concurrerende prinsessen vernietigen. Als ze ongeveer één week oud is, verlaat de maagdelijke koningin de korf met enkele werksters voor haar 'bruidsvlucht'. Dat is meestal slechts één vlucht en ze keert terug als de paring met succes is verlopen.

DE BLOEMETJES EN DE BIJTJES

In de meeste dierenpopulaties kunnen enkele mannetjes alle vrouwtjes bevruchten. Zoals we kunnen zien bij kudden rendieren, troepen leeuwen en andere grote katten, groepen primaten en dergelijke paart het dominante mannetje met de vrouwtjes. Zo zorgt hij voor de genenpool voor de 'overleving van de geschiktste'. Omdat alle

▶ Darren zijn groter dan werksters en komen uit grotere cellen in de honingraat. Hier ontmoet een dar de koningin.

◀ Een zwerm bijen rust in een hangende formatie en wacht op aanwijzingen van verkenners voor de richting naar hun nieuwe woning.

bewoners van de korf uit hetzelfde vrouwtje zijn voortgekomen, is het belangrijk een methode te hebben om de diversiteit en variatie van genetische kenmerken te garanderen en daarom gebruiken honingbijen de tegenovergestelde strategie. Voor de zeer weinige maagdelijke koninginnen zouden er 5000-20.000 darren kunnen zijn, maar hoe kan een mannetje dominant worden als het aantal concurrenten zo groot is? Veel van wat over de mechanismen bekend is, is nog in ontwikkeling – het is in de praktijk erg moeilijk gedrag te observeren.

De darren verlaten de korf aan het eind van de ochtend en verzamelen zich op plaatsen die elk jaar worden gebruikt. Als ze uit de korf zijn, trekt de koningin de darren aan met een feromoon. Het komt pas vrij bij de paarvlucht en de prinses leeft in de korf samen met darren zonder dat er wordt gepaard. De maagdelijke koningin paart tijdens de vlucht met diverse darren om ervoor te zorgen dat ze een genetisch rijke pool van sperma voor toekomstig nageslacht heeft. Elke succesvolle dar verliest zijn geslachtsorganen tijdens het paren en sterft meteen. Als haar spermabank vol is, keert de koningin terug naar de korf. Het sperma wordt gedurende haar hele leven vers gehouden en het bevrucht ongeveer 200.000 eitjes per jaar, een verbijsterend aantal. De koningin zal de korf pas weer verlaten als ze volgend jaar of het jaar daarna de behoefte krijgt te zwermen.

In het scenario van het dominante mannetje zouden de darren om de macht moeten strijden, maar bijenkolonies beschikken op het juiste moment van het jaar over grote aantallen niet-agressieve darren. Ze vormen geen bedreiging en kunnen de korven van andere kolonies in de buurt binnengaan, in tegenstelling tot werksters. Het slechte nieuws voor de darren is echter dat ze later in het jaar uit de korf worden verdreven en sterven omdat ze in de wintermaanden een onnodig beroep op de schaarse voedselvoorraden zouden doen.

◀ Het dominante mannetje in de meeste dierenpopulaties, zoals herten, geeft zijn genen aan de volgende generatie door. Als hij dominant blijft, moet hij echter voortdurend strijd leveren met aankomende jonge mannetjes. Dat is niet het geval in bijenkolonies, waarin mannetjes weinig betekenen en hoofdzakelijk voor de voortplanting worden gehouden.

COÖPERATIEF GEDRAG

Gedrag van sociale insecten bestuderen

Ingenieurs en computerwetenschappers hebben ingezien dat belangrijke technologische en organisatorische doorbraken mogelijk zijn door samenwerkings-mechanismen tussen sociale insecten te bestuderen en de principes toe te passen op gebieden als planning, productie, ontwikkeling van algoritmen, communicatie en robotica.

Sociale insecten gebruiken een verfijnd communicatie- en regelsysteem om taken aan hun werkers te geven en evenwicht te handhaven tussen het verzamelen en verwerken van nectar, stuifmeel en water. De principes van de voedselverzamelstrategieën hebben onderzoekers geïnspireerd soortgelijke concepten te ontwikkelen voor de 'routing' van informatie in netwerken voor telecommunicatie. Een typisch probleem is het vaststellen van waar het communicatieverkeer heen moet worden geleid als de werkomgeving verandert door uitval van een routeleider. Dit moet naadloos plaatsvinden onder dynamisch veranderende eisen.

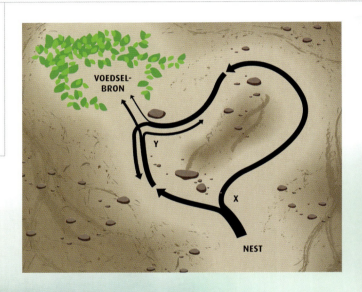

▼ Een team van bladsnijdende mieren op foerageertocht werkt samen om stukjes blad naar het nest te brengen.

▲ Foerageerstrategieën van mieren gebruiken de intensiteit van feromonen om de kortste weg van een voedselbron naar het nest en terug aan te geven.

Observaties van dierenkolonies hebben duidelijk gemaakt hoe mieren collectief tot 'beslissingen' komen en zo achter de beste oplossing voor een taak gaan staan. In een onderzoek gaat een aantal mieren vanuit het nest op zoek naar voedsel en komen ze bij een splitsing in het pad (in de illustratie hiernaast aangegeven met een X). Ze hebben geen voorkennis waarmee ze een route kunnen kiezen of, als beide paden naar een voedselbron leiden, wat de kortste route is. Daarom neemt de helft van het team de ene weg en de andere helft de andere. Elke mier laat een chemisch signaal of feromoon achter om de weg te markeren. Als de mieren bij een tweede splitsing komen, gaat weer de helft verder en keert de andere helft terug langs het andere pad dat ze naar het nest brengt. Intussen komen de mieren langs het rechterpad bij splitsing Y en komen ze de terugkerende mieren tegen. Weer verdelen ze zich in mieren die naar de voedselbron gaan en mieren die via splitsing X naar het nest terugkeren. De feromoonintensiteit op dit pad terug naar het nest is veel groter dan die naar de voedselbron en dus keren de meeste mieren terug naar het nest en komen ze de terugkerende mieren van het langere pad tegen. Dit lijkt aanvankelijk een slechte strategie. We kunnen nu echter zien dat de mieren voortaan de route tussen X en Y sneller zullen nemen. Omdat meer mieren de kortere route hebben genomen, is het feromoonspoor daar immers dominant. Parallel hiermee neemt de kracht van feromoon op het langere pad na verloop van tijd af vanwege de verdamping ervan; dit pad zal dus uiteindelijk verdwijnen. Dit noemen ingenieurs een 'vergeetfactor' in optimalisatiealgoritme.

WAT IS DE SNELSTE WEG?

Deze eenvoudige methode is al een inspiratiebron geweest voor ontwerpers van routing- en planningsystemen. Een typisch 'routingprobleem' is het zogenaamde probleem van de 'rondtrekkende verkoper' of de planning van een team bestelwagens. De strategie van de voedselzoekende mieren heeft daarvoor al diensten bewezen. Typische problemen zijn in dit geval bijvoorbeeld 'Wat is de kortste route om klanten met elkaar te verbinden?' of 'Hoe kan het aantal bestelwagens worden geminimaliseerd?' Hierbij moet rekening worden gehouden met beperkingen zoals de capaciteit per voertuig, de noodzaak in het depot te beginnen en eindigen, en de maximale afstand per voertuig. Er zijn algoritmen ontwikkeld op basis van de formatie van mierensporen en ze zijn een veelbelovende manier om de beste routes te beoordelen.

Bijen hebben ook strategieën ontwikkeld voor het zoeken van voedsel en de resultaten in de donkere korf verspreid door communicatie. Een bij die een voedselbron heeft gevonden, moet de werksters vertellen wat voor bloem het is, in welke richting hij staat en hoe groot de afstand tot de korf is. Daarvoor gebruikt ze de zogeheten 'kwispeldans'. De bij codeert informatie door de hoek van de hoofddanslijn om de vliegrichting ten opzichte van de zon aan te geven. Het aantal kwispels of bochten duidt de afstand aan. Vibraties op de korf en geur geven ook aanwijzingen voor de locatie van de voedselbron.

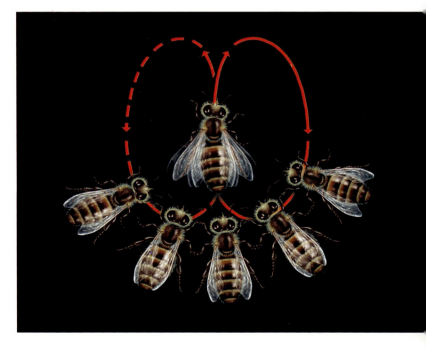

▶ Een verkenner voert een 'kwispeldans' op, waarbij ze met de hoeken en de omvang van bewegingen de richting en afstand naar een voedselbron aan zusterbijen kenbaar maakt.

COÖPERATIEF GEDRAG

De lasten verdelen

Het voedselzoekende gedrag heeft al gestimuleerd tot onderzoek naar oplossingen voor de verdeling van lasten op internetservers, waar het verkeer en de vraag niet van tevoren bekend zijn. Optimalisering van de allocatie van servers is echter moeilijk op te lossen vanwege het onvoorspelbare gedrag in de binnenkomst van verzoeken.

Bijen moeten de nectar- en stuifmeelstromen uit allerlei bronnen maximaliseren. Met de voedselzoekende strategie van bijen als model hebben internethostdesigners aangetoond dat de inkomsten met 4-20 procent te verhogen zijn met een op bijen geïnspireerd reclamesysteem voor websites waarop gezochte locaties oplichten. Deze blijven bovendien langer bestaan als ze winstgevend zijn. Het 'reclamebord' is de parallel van de kwispeldans en wel in die zin dat het de locatie van zeer actieve websites communiceert. Daardoor kunnen andere servers in het hostingcenter worden aangetrokken om een deel van de last over te nemen en aan verzoeken te voldoen. De onderzoekers streven nu naar uitbreiding van de parallel met de bijenkolonie door besparingen in energieverbruik door te voeren, zoals bijen bij slecht weer het zoeken van voedsel beperken. Dit zorgt voor een rustperiode voor de meeste voedselzoekers, die dan ten volle kunnen profiteren van een verbetering van de weersomstandigheden.

Er zijn belangrijke aanbevelingen gedaan om vast te stellen of problemen geschikt zijn voor een bio-geïnspireerde benadering. Er moeten met name overeenkomsten zijn tussen de technische uitdaging en de problemen waarmee de insecten te kampen hebben. Dat kan wat voor de hand liggend klinken, maar dat is niet altijd zo bekeken.

Het succes of de mislukking van het gebruik van een foerageer- of gedragsmodel voor de oplossing van een technisch probleem hangt af van de mate van overlap in de specificatie van het probleem. Dan kunnen definities verwarrend blijken, in die zin dat een bio-geïnspireerde benadering gericht is op het leren van de basisprincipes van het biologische systeem, terwijl een bionische benadering kopieert of nabootst. Toch zijn deze aanbevelingen zeer belangrijk om ervoor te zorgen dat de definitie van het probleem vanaf het begin duidelijk is.

NETWERKEN

De gespreide manier waarop een kolonie van sociale insecten standhoudt zonder centrale coördinatie, heeft ook geïnspireerd tot de ontwikkeling van gespreide sensor- en monitorsystemen die voor uiteenlopende toepassingen zijn te gebruiken. Een draadloos netwerk dat actief knopen kan 'strikken' als dat nodig is, kan de beperkingen van robuustheid en schaalbaarheid overwinnen die met draadloze systemen worden geassocieerd. Zulke systemen vergen vaak het elektriciteitsnet om ze te laten werken en ze kunnen daarom niet zomaar overal worden geplaatst. FlatMesh heft deze beperkingen op door elke knoop evenveel met elke andere knoop in het netwerk te laten communiceren door elke knoop uit te rusten met systeemsoftware. Er is geen hiërarchie en er is ook geen traditioneel routingsysteem nodig, zodat elke installatie eenvoudig en snel is uit te voeren. De bediening van het netwerk regelt zichzelf en omdat de knopen energiezuinig zijn en slechts een kleine accu hebben, is er een elegante strategie voor energiebesparing ontwikkeld.

Deze strategie heeft overeenkomsten met de manier waarop vuurvliegjes hun indrukwekkende collectieve lichtflitsen uitzenden. Elke knoop wordt rondom een of meer belangrijke sensoren gebouwd en zodoende is het aantal mogelijke toepassingen buitengewoon groot. Omdat elke sensorknoop in een robuuste container kan worden gebouwd, is het netwerk te gebruiken in riskante omgevingen zoals de Noordzee. Om de omgeving van een windboerderij buiten de kust in de gaten te houden werden de knopen aan boeien bevestigd die rondom de plaats dreven vanwaar de omstandigheden konden worden gemeten en een algeheel beeld van de veranderende omstandigheden kon worden verkregen. De knopen zijn ook gebruikt om potentiële aardverschuivingen en overstromingen van spoordijken in de gaten te houden, waar traditionele draadsystemen een tijdrovende installatie vergen en de betrouwbaarheid kan afnemen door de kabels en de verbindingen. Het FlatMesh-systeem lost niet alleen de problemen met installatie en verbindingen op, maar kan ook de uitval van een knoop opvangen, als er een communicatiepad naar naburige knopen is.

▼ Het handhaven van evenwicht tussen de opwekking van elektriciteit en de vraag vormt een uitdaging voor duurzame energiesystemen. Mogelijk kunnen we het evenwicht verbeteren door optimalisatiestrategieën van insectenkolonies te leren.

COÖPERATIEF GEDRAG

De beste oplossing kiezen

Honingbijen moeten zoveel mogelijk nectar en stuifmeel binnenhalen als die beschikbaar zijn. Daarvoor moeten ze verzamelbijen naar de productiefste locaties sturen. De verzamelbijen geven nectar en stuifmeel door aan de werksters bij de ingang van de korf, die controleren de stroom van hulpbronnen en de taakverdeling van werksters op de beste locaties.

Deze zelfbesturing voor een optimale verzameling van voedsel heeft de ontwerpers van productiesystemen geïnspireerd bij de oplossing van overeenkomstige problemen, als er machinerie-instellingen moeten worden gekozen en het aantal opties zeer groot is. Om zoveel mogelijk resultaat en dus winst te behalen moet de beste combinatie van instellingen worden gekozen en dat heeft geleid tot het zogeheten Bijenalgoritme. Het algoritme is in wezen een optimalisatieprocedure die de buurt afzoekt, maar in combinatie met een willekeurige zoektocht. Complexe, multivariabele optimalisatieproblemen zijn gewoonlijk een compromis tussen het vinden van 'optimale oplossingen' en het aanhouden van een realistisch tijdschema. 'Zoekalgoritmen' zoeken naar één oplossing in elke opvolgende cyclus en streven naar de beste oplossing van het probleem. Een algoritme dat op zwermen is gebaseerd, gebruikt een populatie van oplossingen en kan zo in elke stap naar allerlei oplossingen zoeken. Als er meer oplossingen zijn, probeert het algoritme ze te lokaliseren. Andere vergelijkbare algoritmen zijn Deeltjeszwermoptimalisatie (op basis van kuddevormend en schoolgedrag), Mierkolonieoptimalisatie (op basis van sporenvorming van

▶ **Bijenkolonies hebben eenvoudige, maar effectieve manieren ontwikkeld om verzamelbijen naar de meest productieve voedselplaatsen te leiden.**

▶ Met verzamelstrategieën van insecten als inspiratie kunnen we groepen zonnepanelen van satellieten op de zon richten met minimaal energieverbruik.

voedselzoekende mieren) en het populaire Algemene algoritme (op basis van genetische combinaties en natuurlijke selectie). De biologie was hiervoor de inspiratiebron. De prestaties van het Bijenalgoritme zijn vergeleken met die van allerlei andere methoden en opvallend robuust gebleken, vooral in verband met gevoeligheid voor plaatselijke minima en maxima. De huidige beperkingen voor implementatie in de 'machinewerkplaats' zijn het grote aantal af te stemmen parameters en de optimalisatie van de leermechanismen. Ook al is dit gebaseerd op het voedsel zoeken van bijen, het moet geschikt worden gemaakt voor technische toepassingen.

BESTURINGSSYSTEMEN

Technische besturingssystemen zijn altijd gecentraliseerd geweest vanwege de manier waarop computerkracht uit fysiek grote systemen is ontwikkeld. Registratiesystemen hebben zich traag ontwikkeld, vooral sensorsystemen die voldoende snel en nauwkeurig kunnen reageren. Ook de theorie heeft zich geconcentreerd op inzicht in lineaire systemen met slechts weinig input en output. In de afgelopen jaren zijn de rekenkracht en de sensortechnologie enorm vooruitgegaan en ze bieden nu de kans systemen op een meer gespreide en gedecentraliseerde manier te besturen. Toch heeft de theorie zelf niet veel vooruitgang geboekt, ondanks de vele belangrijke ontwikkelingen die eraan komen.

De vorming en de optimalisatie van mierensporen hebben geïnspireerd tot nieuwe benaderingen van zogeheten 'optimale besturing'. Die probeert een dynamisch systeem zoals een satelliet van de ene toestand in de andere te krijgen, bijvoorbeeld in de minimale tijd of met de minimale hoeveelheid brandstof. Volgens conventionele methoden ligt de eindtoestand vast. Met de bio-geïnspireerde benadering is deze beperking mogelijk op te heffen en die benadering is belangrijk voor de succesvolle besturing van een groep robots of robotvoertuigen waarvan de bestemming misschien nog niet vastligt.

Centraal voor collectieve robotica is het uitgangspunt dat samenwerking meer oplevert dan de som der delen. De taken die kunnen worden verricht, liggen buiten de capaciteiten van de delen, met als toegevoegde waarde grotere weerstand tegen individuele verliezen, betere prestaties en meer kostenefficiëntie. Waar zijn we dat eerder tegengekomen? In de organisatie van kolonies van sociale insecten! Het samenwerkende team van UUV's heeft geleerd van het zwermvormende en schoolgedrag van vogels en vissen. Het kan nu naar het eindpunt van een missie navigeren. De volgende fase is de UUV's zelf het eindpunt van hun missie te laten zoeken. Dat opent mogelijkheden voor vele operationele scenario's. Als de missie het opzoeken van een vervuilende stof in zee is en de bron op te sporen, kan het team worden uitgerust met de juiste sensoren. Het zou moeten samenwerken om samen het vervuilde gebied te doorzoeken en de bron te lokaliseren. Het eindpunt van de missie zou dan door het team zelf worden vastgesteld als het de bron lokaliseert. De methoden van C. Shao en Dimitrios Hristu-Varsakelis zijn veelbelovend voor dit soort besturing omdat ze gericht zijn op het gebruik van informatie uit de omgeving ter plaatse die individuele teamleden verschaffen en die alleen nodig is om optimale wegen naar hun buren te berekenen. Uit de lessen van insecten blijkt dat we door het gebruik van gespreide sensoren, plaatselijke kennis, informatie die door competitie wordt gefilterd, en besluitvorming op basis van consensus ons doel met redelijk eenvoudige regels kunnen bereiken. We zouden zelfs onderweg een of twee robotvoertuigen kunnen verliezen zonder de missie te hoeven beëindigen.

COÖPERATIEF GEDRAG

Vorm volgt functie

Termietenkolonies hebben indrukwekkende gedragskenmerken die ingenieurs inspireren hun visie op ontwerpen te herzien. Architecten leren ook van termieten. Een voorbeeld van de manier waarop coöperatief gedrag inspireert tot het ontwerp van een gebouw is de nederige termietenheuvel. Nederig? Laten we er eens in kijken.

Termietenheuvels zijn 'flatgebouwen' die tot 5 meter hoog kunnen worden. Dat is indrukwekkend, gezien de grootte van een termiet. In menselijke verhoudingen zou dat een heel hoge wolkenkrabber zijn. Termietenheuvels staan meestal in nogal ruwe omgevingen en zijn opgewassen tegen de plaatselijke omstandigheden. De tunnels en doorgangen zijn niet alleen gecompliceerd, maar moeten ook de luchtstroom kunnen regelen voor goede luchtkwaliteit in het nest. Het vochtgehalte en de temperatuur worden ook door de luchtstromen geregeld en dat zonder een energieverspillende airconditioning! Misschien zou het termietensysteem met een complex netwerk van ondergrondse tunnels te imiteren zijn en zou daarmee natuurlijke ventilatie van een gebouw mogelijk zijn, maar dat zou een herziening van bouwmethoden vergen. In hoofdstuk 5 staan nog meer voorbeelden van het gebruik van passieve airconditioning. Ingenieurs hebben zich ook laten inspireren door de manier waarop een termietenkolonie een heuvel bouwt. Dat levert ideeën op voor het bouwen van zeer grote en snel te voltooien bouwwerken die voor bewoning op andere planeten bruikbaar zijn.

▼ De luchtkanalen in een termietenheuvel zorgen voor een natuurlijke luchtstroom om de luchtkwaliteit in het nest te handhaven. Ze kunnen architecten van gebouwen inspireren.

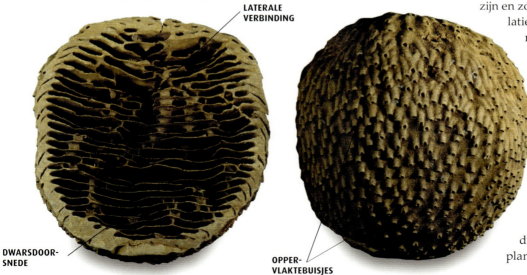

LATERALE VERBINDING

DWARSDOORSNEDE

OPPERVLAKTEBUISJES

▲ Met de noord-zuidoriëntatie van de heuvel kunnen de termieten de luchtstroom en de temperatuur in de heuvel beter regelen.

DECENTRALISATIE

Besturingssystemen krijgen steeds meer een gespreide en gedecentraliseerde architectuur naarmate de waarnemings- en verwerkingsvermogens kleiner en goedkoper worden. De omvang van geheugens is ook enorm toegenomen, terwijl de kosten zijn gedaald. Decentralisatie van besturing is zinvol omdat niet langer op één besturingssysteem wordt vertrouwd, maar het is wel een probleem hoe de besturingsacties van een hele reeks systemen te combineren zijn. Bij de fysieke verspreiding van besturingssystemen moet ervoor worden gezorgd dat de individuele acties elkaar niet hinderen, maar een goede combinatie vormen om de gewenste reactie op opgelegde veranderingen te krijgen. In de biologische wereld wordt zelfbesturing van een gezond organisme bereikt met 'homeostase', waarbij elk 'subsysteem' werkt aan het evenwicht van het geheel. Hartslag, lichaamstemperatuur, ademhalingstempo en dergelijke worden in stand gehouden door besturingslussen die met terugkoppeling en interactie werken. Als een van deze onder de normale waarde zakt, laten de besturingssystemen de waarde weer tot normale hoogte terugkeren, en andersom. In een bijenkolonie wordt deze zelfbesturing bereikt door de activiteiten van de kolonie zelf en dat heeft als extra voordeel dat de 'normale' waarden aan veranderende behoeften worden aangepast. De besluitvorming op basis van consensus in een kolonie kan belangrijke implicaties hebben voor het ontwerp van complexe gespreide gedecentraliseerde systemen die zich aan veranderende omstandigheden kunnen aanpassen. Er wordt bijvoorbeeld intensief onderzoek gedaan naar het lawaai van vliegtuigen. Dat geldt zowel binnen als buiten de cabine. Met gespreide besturing worden de vibraties en dus het lawaai geleidelijk teruggedrongen. De combinatie van gespreide regulatoren en de plaatsing van sensoren en actuatoren vormen echter een lastig probleem. De besluitvorming in een bijenkolonie biedt misschien aanwijzingen voor de beste manier om deze integratie in de toekomst te bereiken.

5 | WARMTE EN VLOEISTOFFEN VERPLAATSEN

WARMTE EN VLOEISTOFFEN VERPLAATSEN

Inleiding

We vinden het prettig als de gebouwen waarin we wonen en werken goed geïsoleerd én goed geventileerd zijn – twee tegengestelde processen. Het zou handig zijn de warmte uit onze omgeving op te vangen en de overtollige warmte die we produceren af te staan. We moeten dat ook doen met zo weinig mogelijk energie.

Vroege, minder welvarende culturen hebben eenvoudige en goedkope manieren ontwikkeld om bouwwerken te verwarmen en te ventileren. In de vorige eeuw werd energie echter relatief goedkoop. Daarom is onze technologisch hoogwaardige cultuur niet meer vertrouwd met deze methoden, laat staan dat ze worden verbeterd. Slechts heel zelden hebben we gekeken naar hoe de natuur dat doet. We kunnen veel leren van ventilatiesystemen van dieren en planten – van de manier waarop organismen lucht en water verplaatsen.

Soms wordt de omgeving van een dier te warm of te koud. Als het dier te warm wordt, moet het overtollige warmte zien kwijt te raken, op andere momenten zal het warmte vasthouden. Soms veroorzaken zijn andere activiteiten problemen met warmte – een levend wezen is niet volledig van zijn omgeving geïsoleerd.

Dieren verbruiken zuurstof en moeten koolstofdioxide (CO_2) lozen. Landdieren doen dat zonder te veel kostbaar water kwijt te raken. Verdampt water neemt warmte mee, dat nuttig kan zijn ter verkoeling, maar er blijft ook minder water achter. Waterdieren met soortgelijke behoeften kunnen geen water verdampen. Een te warme vis moet iets anders doen om koel te blijven. Warm water naar buiten pompen kost veel energie omdat vloeibaar water veel dichter is dan waterdamp. Zoogdieren van gemiddelde grootte zoals mensen gebruiken 10 procent van hun energie om bloed en lucht door hun lichaam te pompen. Een vis heeft veel meer energie nodig om water door zijn kieuwen te duwen.

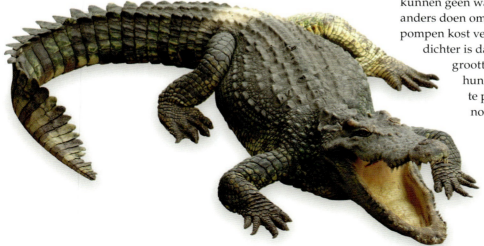

◀ Een krokodil kan bij het verwarmen of afkoelen van zichzelf energie besparen door weinig te bewegen, in of nabij warm water te leven en de temperatuur van zijn omgeving aan te nemen.

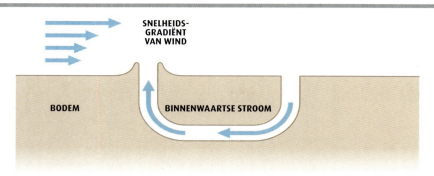

◀ Er ontstaat een interne stroom in één richting als het ene eind van een tunnel meer wind opvangt dan het andere; een hogergelegen opening is voldoende om de stroom aan die extra wind bloot te stellen.

Hoge kosten stimuleren efficiëntie, zowel in de natuur als bij menselijke bedenksels. Om lucht en water rondom hun lichaam te verplaatsen hebben organismen manieren ontwikkeld die opwegen tegen de problemen die daardoor ontstaan. We beschrijven hier diverse manieren waarop dieren en planten lucht en water om zich heen verplaatsen met weinig energie en zonder warmteverlies, terwijl er vloeistof in en uit hun lichaam stroomt. We zien een aantal natuurlijke methoden die we met onze technologie zouden kunnen nabootsen.

BUITENSTROOM BENUTTEN

Als een vloeistof over een vast voorwerp stroomt, staat hij vreemd genoeg aan het oppervlak zelf stil. Daarom is een bord veel sneller schoon met een doekje dan met stromend water. Als er geen stroming langs het oppervlak is, moet er een gebied van veranderende stroomsnelheid vlak buiten dat oppervlak zijn – 'snelheidsgradiënt' en 'grenslaag' zijn hier de gebruikelijke termen. Binnen dat gebied neemt de stroomsnelheid toe vanaf nul bij het oppervlak en bereikt uiteindelijk die van de onverstoorde stroom.

Een snelheidsgradiënt is een soort potentiële gradiënt, zoals die tussen de twee polen van een accu of de verschillende waterstanden bij een stuwdam. Met een geschikte omzetter kan een snelheidsgradiënt een energiebron zijn. De windmolen is de bekendste menselijke exponent.

Een eenvoudiger omzetter gebruikt wind- of waterstromen om lucht of water door een gebouw te verplaatsen. Hij bestaat uit een uitgang – in wezen een schoorsteen – boven de oppervlakte onder een rechte hoek met de stroom buiten, en een ingang op of bij de oppervlakte. Lucht of water komt aan de oppervlakte binnen, circuleert en verlaat het gebouw weer door de hogere uitgang.

NATUURLIJKE EQUIVALENTEN

Sinds dit systeem in 1972 voor het eerst is beschreven, is het in de natuur aangetroffen. Prairiemarmotten (*Cynomys ludovicianus*) gebruiken het om lucht door hun burcht te laten stromen. De burcht is een brede, diepe ondergrondse gang met twee uiteinden. Het ene eind mondt uit in een kraterachtige heuvel met een scherpe rand, het andere in een lage, ronde heuvel. Vroeger dacht men dat prairiemarmotten de lucht door hun burcht lieten stromen om te ademen, maar het is waarschijnlijker dat ze daarmee de geuren van de buitenwereld waarnemen – in feite een reusachtig nasaal stelsel.

▶ Prairiemarmotten leven in lange, diepe tunnels met twee openingen. De lucht die door de tunnel stroomt, schijnt informatie te bevatten over wat er buiten gebeurt.

Bepaalde zeeslakken (*Diodora* spp.) halen met dezelfde techniek zuurstof uit het omringende water. Het water komt binnen langs de randen van de schelp, gaat door de kieuwen, en wordt door de openingen aan de bovenkant weer geloosd. Sommige enorme termietenheuvels (van *Macrotermes michaelseni*) trekken lucht door openingen of poreuze gebieden rondom hun basis aan om zuurstof binnen te halen en kooldioxide te verwijderen en houden zo misschien wel 20 kg termieten in leven. Sommige zanddollars (*Mellita quinquiesperforata*) halen water uit het zand onder hen door gleuven die vanuit hun midden naar buiten lopen, zodat hun onderkant en hun mond beter toegang hebben tot kleine eetbare wezens die tussen zandkorrels leven.

INPUT EN OUTPUT

Bij al deze voorbeelden is er een verbinding tussen input en output waardoor vloeistof met weinig weerstand kan stromen. Ze hebben een pomp die zonder directe kosten wordt aangedreven, maar met heel weinig druk zeer veel stroming kan produceren. Enerzijds biedt deze methode volledige onafhankelijkheid van de richting van de wind- of waterstroom, een groot voordeel bij onzekere wind- en getijdenstromen – een windmolen die in alle richtingen werkt. Anderzijds hangt de inwendige stroom onevenredig af van de uitwendige stroom, zodat de dieren sterk afhankelijk zijn van de snelheid van wind- en waterstromen.

OMZETTERS IN DE MENSENWERELD

Het vuur in een open haard laait op als er een windvlaag door de schoorsteen gaat. We zijn volkomen vertrouwd met dat verschijnsel. Ventilatiekoepels die op dezelfde manier werken, hebben heel lang allerlei gebouwen gesierd, van dorpsscholen tot opslagplaatsen voor hooi, graan en andere gewassen – plaatsen waar de luchtstroom extra comfort en lagere luchtvochtigheid biedt. Pre-industriële samenlevingen hadden (en hebben) veel gebouwen met openingen bovenop voor de ventilatie. De joerten in Centraal-Azië hebben gewoonlijk een poreuze vilten top en de jaranga's in Siberië hebben een soortgelijke voorziening. Iglo's van Inuit hebben vaak kleine ventilatiegaten in of bij de top. Alle lavvu's van de Scandinavische Sami en de tipi's van de Noord-Amerikaanse indianen hadden een opening bovenin. In zo'n bouwsel kon open vuur branden zonder dat mensen stikten. Deze openingen konden gewoonlijk worden afgedicht als dat nodig was.

EENRICHTINGSSTROMEN VOOR VENTILATIE

Als de wind van opzij in een zeil blaast en de boot naar de lijzijde duwt, veroorzaakt dat dynamische druk. Diezelfde druk kan lucht- of waterstromen laten voortbewegen. Een systeem met dynamische druk is gewoonlijk veel krachtiger dan wat een interne-externe stroom zou kunnen produceren. Om inlaat- en uitlaatopeningen goed te plaatsen en te richten, moet je wel weten vanwaar de stroom zal komen.

▶ Tipi's van Noord-Amerikaanse indianen hebben een opening bovenin die in de constante wind van de prairies van de wind af staat. Deze opening trekt rook uit de tipi, zodat in het midden op de grond een open vuur kan branden.

◀ Mensen hebben lange tijd de dynamische druk van wind gebruikt om boten te laten varen. We zijn te weten gekomen hoe we kunnen voorkomen omgeblazen te worden en hoe we tegen de wind in kunnen zeilen.

▼ Water stroomt in de bek van de haai en uit de verticale kieuwspleten. Dat gebeurt door diezelfde dynamische druk en het zwemmen van het dier. Sommige haaien moeten constant zwemmen, anders stikken ze.

TRECHTERVOEDING

Organismen kunnen in minstens twee omstandigheden op eenrichtingsstromen rekenen. Getijdenloze rivieren stromen op betrouwbare wijze omlaag, zodat een op de bodem levend wezen op die dynamische druk kan rekenen. Sommige insectenlarven bouwen U-vormige tunnels van zijde en kiezels. Het stroomopwaartse einde van een tunnel eindigt in een uitwaaierende trompetachtige ingang, het stroomafwaartse einde ligt gelijk (of bijna gelijk) met de rivierbedding. Een zijden net over een groot deel van de koker scheidt de eetbare hapjes uit het langskomende water.

STUWSTRAALSYSTEMEN

Een tweede geval waarin we eenrichtingsstromen zien, is als het dier zelf beweegt. Hoe sneller iets zwemt of vliegt, des te groter is de druk op het voorste eind en alweer stijgt de druk onevenredig met de snelheid. Dat maakt het hele systeem tot een bijna perfecte aandrijving voor de ademhaling, want voor sneller zwemmen of vliegen is dezelfde onevenredige toename van het gebruik van zuurstof nodig.

Het klassieke voorbeeld hiervan is de 'stuwventilatie' bij vissen. Het water stroomt door de bek naar binnen, passeert de kieuwen en gaat daarachter naar buiten. Voor vissen als de zalm werkt stuwventilatie in combinatie met het water dat de vis met zijn spieren pompt. Bij grote vissen zoals tonijnen en sommige haaien doet stuwventilatie het hele werk en ze moeten zwemmen om te ademen, zoals ze ademen om te zwemmen. Sommige grote insecten stuwen lucht die langs hun vliegspieren gaat tijdens het vliegen op vrijwel identieke wijze door speciale kanaaltjes.

WARMTE EN VLOEISTOFFEN VERPLAATSEN

Multidirectionele stroom benutten

Voor het gebruik van stromen die periodiek omkeren, zoals getijdenstromen, is extra uitrusting nodig. Het manteldiertje Styela montereyensis *filtert voedsel uit zeewater. Het hecht zich aan het ene eind aan een rots en laat het andere eind als een windwijzer bewegen. Het gebruikt gewoon de waterstroom om het in de richting van de stroom te buigen.*

Met deze methode kan het manteldiertje zijn inlaat stroomopwaarts gericht houden en zijn uitlaat in een rechte hoek met de stroom. Sponzen richten zich minder duidelijk op veranderende stromen. De stroom door sponzen is een combinatie van pompen en het gebruik van plaatselijke stromingen. De sponzen pompen in een opmerkelijk tempo van ongeveer een lichaamsvolume per 5 seconden. Hoe kunnen sponzen voorkomen dat hun stroomafwaartse openingen het voordeel van hun stroomopwaartse openingen tenietdoen? Kleine eenwegkleppen op elke porie zorgen ervoor dat de pomp- en filterkamers alleen worden gevoed door de poriën waarop inwaartse druk staat.

TOEPASSINGEN DOOR DE MENS
Mensen gebruiken dezelfde techniek in allerlei toepassingen, maar het is gewoonlijk slechts een klein element. Woningen in warme klimaten worden vaak zo neergezet dat een grote poort naar de wind gericht is. Sommige automotoren krijgen lucht met een iets hogere druk doordat de inlaat naar voren is gericht, zodat ze profiteren van de wind die de beweging van het voertuig veroorzaakt. In auto's van nu gaat de koelventilator vanzelf uit als ze snel genoeg rijden (hoeft niet erg snel te zijn) om voldoende

▶ De propeller van een straalvliegtuig perst lucht in en om de verbrandingskamer. Hij krijgt hulp van de aankomende wind door de voorwaartse beweging van het vliegtuig.

luchtstroom door de radiateur te krijgen. Deze constructie verschilt weinig van de opportunistische stuwventilatie van de zalm. Vliegtuigen maken meer gebruik van dynamische druk. Dit soort druk speelt een belangrijke rol in moderne straalmotoren.

De voornaamste grens aan het gebruik van binnenkomende lucht wordt gevormd door de relatief lage druk die beschikbaar is, behalve bij zeer hoge snelheden – vooral als het bewegende fluïdum lucht is in plaats van water. Alleen bij toepassingen waarbij vermogen in de vorm van hoge stroomsnelheden en lage druk nodig is, is dat te benutten. Het aanjagen van een automotor met een luchtinlaat levert bij elke snelheid weinig op. Zo ook kan een vliegende vogel de inspanning van het ademen niet verminderen door onderweg zijn snavel open te houden – bij een snelheid van 20 meter per seconde zou de drukwinst slechts een paar duizendste atmosfeer zijn.

DUBBELWERKENDE VENTILATOREN

Veel wezens die een externe stroom benutten om een interne stroom op gang te houden, combineren de drukdaling bij uitlaatopeningen in rechte hoeken met de stroom om een drukverhoging bij de stroomopwaartse inlaten te creëren. Een abalone of zeeoor (*Haliotis* spp.), een weekdier dat op een half tweekleppig schelpdier lijkt, heeft een rij gaten langs de bovenkant. De stroomopwaartse gaten zijn op de stroom gericht en werken als inlaten, gaten verder langs de schelp staan in een rechte hoek met de stroom of iets stroomafwaarts open en vormen uitlaten.

WATER DUWEN EN TREKKEN

Lage druk bij de uitlaten wordt gecombineerd met hoge druk bij de inlaten om een kracht te creëren waarmee energie is te besparen. Als voorbeeld nemen we een zwemmende kammossel. Hij klept zijn schelpen open en dicht om met korte sprongetjes voort te bewegen. De gapende 'bek' wijst naar voren, het scharnier zit aan de achterkant. Een paar straalpijpen, een aan elke kant van het scharnier, zorgen voor de voortstuwing. De stralen worden veroorzaakt door het sluiten van de schelpen en dat is weer een gevolg van de samentrekking van de grote adductorspier ertussen. De schelp wordt niet door een spier geopend,

WIND- EN WATERSTROOM BENUTTEN

Sponzen laten goed zien hoe de natuur externe stromen gebruikt om een interne stroom aan te drijven. Ze hebben uitgangen bovenop in een rechte hoek met hun ingangen. Dat leidt tot sterke stromen door de spons en helpt voorkomen dat ze water opzuigen waaruit het voedsel al is gefilterd.

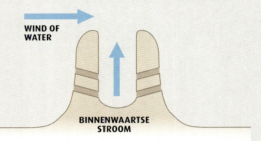

▲ Wind- of waterbeweging kan interne stroom opwekken door de druk op de stroomopwaartse openingen te verhogen en door de druk aan de uitgang bovenop te verlagen.

◀ Sponzen moeten iets meer dan 1 m³ water verwerken voor een paar gram voedsel. Hun pompcapaciteit wordt verhoogd door stroming die wordt opgewekt door beweging van water rondom (zie illustratie hierboven).

maar door elastische kussens vlak bij het scharnier. De positieve druk tijdens de opening en de lagere druk aan de zijkanten van de schelpen helpen bij het openen. Baleinwalvissen zoals vinvissen (*Balaenoptera physalus*), die zich zwemmend met slokken voeden, duwen aan de voorkant naar binnen en trekken aan de zijkant (of onderkant) naar achteren om de enorme bek weer te openen en de keel uit te zetten. De samentrekkende spieren van hun geplooide keel duwen water en voedsel door de baleinplaten als de bek dichtgaat. Dit proces van spiercontracties gevolgd door drukexpansie pompt dus de grote hoeveelheden water die nodig zijn voor het proces terwijl de walvis zwemt.

WARMTE EN VLOEISTOFFEN VERPLAATSEN

Koel blijven

Tot voor kort hadden huizen in warme, vochtige delen van de Verenigde Staten geen airconditioning. Mensen pasten natuurlijke ventilatie toe door te gebruiken wat in de omgeving beschikbaar was.
In veel gevallen benutten ze systemen die al 'ontdekt' waren en door insecten en planten werden gebruikt.

In het noorden hadden huizen kleine ramen en onregelmatig gevormde gangen. In het zuidoosten reikten de ramen bijna van de vloer tot het plafond en was er een centrale gang van de voordeur naar de achterdeur. Zelfs bij een zacht windje zorgde het openen van beide deuren voor een goede luchtstroom. Door open ramen ging er lucht de kamers in en dan verder door de centrale gang. Die huizen hadden nog meer snufjes. De grote ramen waren meer hoog dan breed, zodat de thermische opwaartse stroom werd benut – warme lucht stroomde omhoog. De ramen konden van boven en van onderen open. Van onderen stroomde koele lucht naar binnen, aan de bovenkant stroomde warme lucht naar buiten. Rondom een huis waren veranda's, die de muren en ramen tegen direct zonlicht beschermden. Bomen wierpen schaduwen op muren en veranda's.

WIND CONCENTREREN
Apparaten met dubbele ventilatie kunnen de basis vormen van 'windconcentrators'. Gewone windturbines hebben heel lange bladen die langzaam draaien; ze zijn zwaar en worden ver boven de grond aangebracht, met een grote versnellingsbak. Een alternatief is een conische of cilindrische structuur met openingen naar boven en opzij. De zij-inlaten zijn dan bij de grond of zoals in zeesponzen zodanig geplaatst dat ze alleen open zijn als de wind erop staat. Omdat de wind dan binnen veel sneller zou waaien dan buiten, zouden deze windconcentrators de grote hoge rotor kunnen vervangen door een kleine turbine met een snel draaiende verticale schacht.

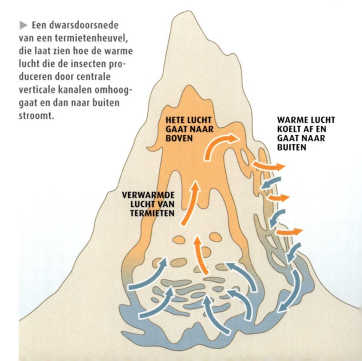

▶ Een dwarsdoorsnede van een termietenheuvel, die laat zien hoe de warme lucht die de insecten produceren door centrale verticale kanalen omhooggaat en dan naar buiten stroomt.

◀ Thermische opwaartse kracht, veroorzaakt door termieten die zuurstof verbruiken en kooldioxide produceren, zorgt voor ventilatie door de hoge termietenheuvel en helpt de opstijgende warme lucht af te koelen. Een soortgelijk proces speelt zich af in wolkenkrabbers met bewegende mensen.

VENTILEREN MET OPSTIJGENDE WARME LUCHT

Een schoorsteen trekt zelfs als er geen wind is. De zwaartekracht zorgt voor de stuwkracht. Verwarmende lucht stijgt op omdat hij minder dicht is dan koele lucht: 'thermische opwaartse kracht'. De enorme heuvels van sommige Afrikaanse termieten, vooral die van *Macrotermes natalensis*, laten zien hoe thermische opwaartse kracht ventilatie kan aandrijven. Duizenden termieten gebruiken veel zuurstof en produceren veel kooldioxide. Ze wekken ook veel warmte op. De aarde waarvan ze de heuvel maken, geleidt niet goed. Daarom zijn de heuvels zo gebouwd dat de verwarmde lucht door centrale verticale kanalen omhooggaat (maar wel binnen blijft). Als hij koeler en dichter wordt, gaat hij door een ander stelsel van kanalen net onder het opper-vlak van de heuvel weer naar beneden.

OPWAARTSE LUCHTSTROOM KANALISEREN

Waar komen we grote, onbeweeglijke landorganismen tegen die problemen hebben met excessieve warmte? Het enige wat voor thermisch aangedreven ventilatie nodig is, is dat de warmte van het systeem ongelijkmatig in ruimte of tijd wordt verspreid. Mogelijke kandidaten zijn de grootste cactussen, vooral de kandelaar- of reuzencactus (*Carnegiea gigantea*) en de *Ferocactus acanthodes*. Al deze enorme planten hebben grote, verticaal gerichte groeven op hun oppervlak. De stekels zitten buiten de groeven en hinderen dus de opwaartse stroom door deze kanalen niet. Groeven laten de planten zwellen en krimpen als de watervoorraad verandert. De kanalen kunnen echter ook de doorgang van thermisch opgewekte opwaartse luchtstromen die dicht genoeg bij het oppervlak stromen mogelijk maken, om te voorkomen dat de plant door krachtig zonlicht oververhit raakt.

VRIJE CONVECTIE IN BLADEREN

Zelfs structuren van bescheiden omvang kunnen thermische opwaartse druk met 'vrije convectie' gebruiken. De dunne bladeren van gewone bomen voelen nooit erg warm aan, zelfs niet bij windstilte en in de volle zon, omdat vingers een grotere thermische massa hebben dan bladeren. Uw vingers halen warmte uit het blad; als u het aanraakt, koelt u het blad meer dan dat het u verwarmt. Brede, dunne bladeren kunnen 20 °C boven de luchttemperatuur worden en dan kunnen de enzymen in de bladcellen beschadigd raken. Hoewel op de meeste plaatsen de lucht zelden stil genoeg is voor zo'n temperatuurstijging, maakt de lage massa van de bladeren in verhouding tot hun oppervlak ze snel warm.

Bij luchtsnelheden onder wat we kunnen voelen – 20 cm/s – draagt vrije convectie meer warmte op de omringende lucht over dan convectie van de wind of geforceerde convectie. De gelobde vormen van veel bladeren (eik) verbeteren de overdracht tussen het bladoppervlak en de lucht voor vrije convectie. Ongelobde bladeren gebruiken een andere leerzame tactiek. Ze zorgen dat ze niet horizontaal staan, wat de slechtste convectiekoeling oplevert, of ze verslappen zodat ze veilig verticaal hangen als de zon fel is, de lucht warm en heet, en water schaars.

WARMTE EN VLOEISTOFFEN VERPLAATSEN

Het gebruik van thermosifon

In een gesloten systeem stijgt warme vloeistof alleen als een gelijke massa koelere vloeistof daalt. De circulatie van deze natuurlijke convectie heet 'thermosifon'. Wij gebruiken in onze technologie thermosifon meer dan de natuur. We passen het toe om een groot deel van onze elektronische schakelsystemen te koelen.

Deze ventilatie is volledig afhankelijk van lucht en zwaartekracht. Daarom werkt ze niet in een vacuüm of in de gewichtloosheid van een ruimtevaartuig. In gebouwen wordt gebruikgemaakt van thermosifon, waardoor de luchtstroom met de warmte van mensen en apparaten of met zonnewarmte wordt opgewekt. Dit is een biomimetische afleiding van Afrikaanse termietenheuvels. Het basisconcept gaat echter minstens terug tot het werk van de Britse wetenschapper John Theophilus Desaguliers (1683-1744).

Huizen hebben soms dubbele daken met luchtgangen ertussen en een luchtspleet langs de nok. Zonlicht dat het buitendak verwarmt, wekt convectieluchtstromen op die voorkomen dat het binnendak te veel boven de luchttemperatuur komt. We brengen vaker isolatie in de vloer aan dan in het plafond van een zolder; de lucht kan door openingen in de dakrand naar binnen en gaat door een nokspleet naar buiten. De buitenste laag van een dubbel dak hoeft niet erg stevig te zijn; men heeft tenten van stof gebruikt die soms enkele woningen bedekten.

ZONNEWARMTE TEGENHOUDEN

Het is heel zinnig bij koud weer uzelf te verwarmen met direct zonlicht. Het is echter minder effectief als de luchttemperatuur hoog is – of als u veel interne warmte opwekt. Een goed beheer van uw zonne-input kan de behoefte aan ventilatie verminderen, uiteindelijk tot niet meer dan wat nodig is voor de uitwisseling van ademhalingsgassen (bij planten fotosynthetische gassen). Mensen trekken kleren uit om de isolatie te verminderen, terwijl we kleding aanhouden die de blootstelling aan zonlicht beperkt. Woestijnbewoners hebben naaktheid nooit beschouwd als de beste manier om koel te blijven.

▲ Een woestijnhagedis gaat met zijn gezicht naar de zon zitten en vangt op die manier zo weinig mogelijk zonlicht op – dat is te zien aan de kleine schaduw die hij werpt.

▲ Deze bladeren vangen het meeste licht op als ze zoals hier in de schaduw hangen. In direct zonlicht draait elk blaadje in de lengte om de zonnestralen tussen de bladeren door te laten vallen.

REFLECTIEVE HOUDING

Andere organismen die geen schaduw kunnen zoeken, regelen hun blootstelling aan de zon met twee mechanismen. Ze kunnen houdingen aannemen waarmee ze zo weinig mogelijk zonlicht vangen. Dat is te zien aan hun heel kleine schaduw, of ze bedekken zich met materiaal dat weinig licht of warmte opneemt.

De regeling van lichaamstemperatuur door middel van houdingen wordt gewoonlijk 'thermobesturing door gedrag' genoemd. Insecten en reptielen zijn de beste voorbeelden. Op een koude dag neemt een middelgroot of groot insect een houding aan waarmee het zoveel mogelijk zonlicht opvangt, en het blijft dicht bij de grond om zo weinig mogelijk verkoelende wind om zich heen te hebben. Hetzelfde insect kan op een warme dag rechtop staan, vaak met zijn kop naar beneden en zijn buik omhoog, om zo weinig mogelijk schaduw te werpen.

SCHUIVENDE PLANTEN

Veel planten passen hun positie aan om hun blootstelling aan zonlicht te regelen. Zoals al eerder gezegd gaan bladeren slap hangen voor betere ventilatie door vrije convectie. Door zulke veranderingen zal er echter ook minder zonlicht op hun oppervlak komen, maar planten hebben de energie van de zon nodig om suikers uit water en kooldioxide te maken.

De slaap- of zijdeboom (*Albizia julibrissin*), vaak als sierboom geplant, gaat nog een stapje verder. Zijn bladeren met hun talloze blaadjes hebben drie houdingen. Als een blad in de schaduw hangt, richt het zijn blaadjes omhoog.

Als een blad in deze configuratie in direct zonlicht komt, werpt het een grote schaduw omdat het veel licht opvangt. 's Nachts vouwen de blaadjes zich weer tegen de centrale nerf van het blad, zodat ze zo weinig mogelijk koude lucht krijgen. In vol zonlicht draaien de blaadjes in de lengte om zo weinig mogelijk direct licht te vangen.

SCHADUWEN WERPEN

In sommige gebouwen wordt al heel lang een soortgelijke methode gebruikt. Het gaat erom zo weinig mogelijk direct zonlicht te laten vallen op oppervlakken die warmte opnemen en geleiden. Zonneschermen en overhangende dakranden zijn misschien de eenvoudigste hulpmiddelen. Een overhangende dakrand werpt een schaduw op de muur als de zon hoog staat, maar laat direct zonlicht toe als de zon dichter bij de horizon staat.

Woningen zijn niet de enige bouwwerken die profiteren van minder direct zonlicht. Auto's op parkeerplaatsen kunnen schaduw krijgen van bomen. Geparkeerde auto's zijn dan 's zomers minder warm zodat het minder energie kost om het interieur te koelen. Warmte in de steden is terug te dringen door het algehele weerkaatsende vermogen te vergroten, zodat de kosten van airconditioning lager worden. Geplaveide oppervlakken vormen momenteel een groot deel van het stedelijk gebied, de invloed van schaduw is dus aanzienlijk.

WARMTE EN VLOEISTOFFEN VERPLAATSEN

Zonne-input afstemmen

Een volmaakte reflector krijgt geen energie van straling die erop valt. Hij moet het specifieke soort straling weerkaatsen, of het nu zichtbaar licht, infrarood of ultraviolet is. Zilverkleurige metallieke voering voor jassen werd ooit verkocht om zijn 'isolerende waarde'. Langgolvige infraroodstraling trekt zich niets aan van die zilveren kleur en gaat er dwars doorheen.

De natuurkunde steunt de bewering dat witte stof minder zonnestraling absorbeert dan zwarte stof. Witte auto's blijven in de zon koeler dan zwarte en huizen met een licht dak hebben minder airconditioning nodig dan huizen met een donker dak.

KLEUREN VAN DIEREN

We zouden verwachten dat grote dieren een lichtgekleurde vacht hebben, vooral als ze op warme plaatsen met veel zonlicht leven, en dat kleine dieren donkerder zouden zijn, vooral in koude poolgebieden. Toch blijkt dat nauwelijks te kloppen. De kleur van een vacht wordt waarschijnlijk meer bepaald door de behoefte van het dier om zich te verbergen of gezien te worden dan zijn behoefte om warmte te absorberen of te reflecteren. Kamelen en gazellen in Afrika zijn niet echt wit, terwijl muskusossen en lemmingen in het hoge noorden allesbehalve zwart zijn. De discrepantie in

◀ De witte kleur van dit gebouw minimaliseert het verwarmende effect van direct zonlicht, een van de vele passieve vormen van temperatuurregeling die in traditionele gebouwen worden toegepast.

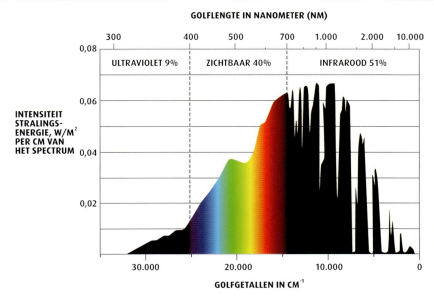

◀ Er valt meer zonne-energie op het aardoppervlak in de vorm van infrarode straling dan als zichtbaar licht. Of een oppervlak infrarood absorbeert of reflecteert, bepaalt in hoge mate de opwarming door de zon.

kleur is een aanwijzing voor een andere letterlijk onzichtbare, belangrijke factor. We zien meestal het spectrum van straling die de aarde raakt in grafieken waarin de intensiteit van zonlicht tegen zijn golflengte wordt afgezet. Het meeste zonlicht zit in het zichtbare gebied. Dat kan misleidend zijn. De energie van straling varieert omgekeerd evenredig met de golflengte. We hebben dus een andere as nodig als we willen zien hoe energie-inhoud varieert in het spectrum van zonlicht. Dat kan door een grafiek van golflengte (of golfgetal) en energie te maken. In zo'n grafiek wordt energie binnen een reeks golflengten weergegeven door het gebied onder dat deel van de grafiek.

ONZICHTBARE WARMTE

Deze grafiek bevat een belangrijke boodschap. De meeste zonne-energie die het aardoppervlak bereikt, heeft niet de vorm van zichtbaar licht. Slechts een verwaarloosbaar deel is ultraviolet, ook al veroorzaakt het zonnebrand. De energie in het onzichtbare infrarood is het sterkst. Als het om het verwarmende effect van zonlicht gaat, heeft de infrarode 'kleur' (de weerkaatste infrarode golflengten) van een plant of dier meer effect dan de kleur van het organisme in zichtbaar licht. Het belang van het infrarood is op vegetatie goed te zien. Bladeren zijn in het infrarood wit (niet-absorberend). De absorptie stopt wanneer de golflengte langer wordt dan de golflengten die voor fotosynthese geschikt zijn. Door de absorptie zouden ze warmer worden, wat schadelijk voor hun eiwitter kan zijn. Over dieren weten we minder, maar vogeleieren weerkaatsen een groot deel – meestal 90 procent – van het nabije infrarood. De huisjes van de woestijnslak schijnen ongeveer hetzelfde te doen.

KUNSTSTOFFEN

De meeste pigmenten, vezels, dierenhuid en bont absorberen in het nabije infrarood. Daarom zijn kunstmatig gekleurde materialen vaak zwart als ze in dat deel van het spectrum worden gezien. Kunstbladeren om militaire installaties te camoufleren zijn met infrarode camera's gemakkelijk van echte vegetatie te onderscheiden.

De beste isolatie moet worden gemaakt met inachtneming van het infrarood. Een geheel wit dak, dat ook in het nabije infrarood weerkaatst, moet de binnentemperatuur van een gebouw op een warme locatie beter kunnen reduceren dan een wit uitziend dak.

WARMTE EN VLOEISTOFFEN VERPLAATSEN

Warmteopslag

Zonlicht, luchttemperatuur en wind variëren in een tijdsbestek van enkele seconden tot jaren. Organismen slaan vaak warmte op om zichzelf tegen extreme temperatuurschommelingen in hun omgeving te beschermen. De tijd waarin ze warmte opslaan en de diversiteit van organismen die dat doen, variëren enorm.

Het klassieke geval is de dromedaris. Tegen de combinatie van uren onontkoombaar zonlicht en de warmte van een zoogdier is alleen iets te doen door veel kostbaar water te verdampen, zodat de lichaamstemperatuur acceptabel blijft. De watervoorraad van een dromedaris is echter beperkt. Hij laat dus zijn lichaamstemperatuur stijgen in het vertrouwen dat op de dag de nacht volgt, met lagere luchttemperaturen en een open, koude hemel. De lichaamstemperatuur van een dromedaris stijgt van ongeveer 34 °C tot 40 °C. Deze thermische tolerantie halveert het totale waterverlies van het dier.

◀ Kamelen zijn grote dieren en daarom wisselen ze slechts langzaam warmte met de omgeving uit. Daardoor warmen ze ook traag genoeg op voordat de nacht valt, zodat ze niet van de hitte bezwijken.

▲ Levende stenen, die veel kleiner zijn dan kamelen, passen dezelfde truc voor warmteopslag toe door de omringende aarde veel meer warmte te laten opnemen dan ze zelf zouden kunnen; op die manier vertragen ze hun verwarming, zonder water te verliezen.

WARMTEOPSLAG IN PLANTEN

Je zou verwachten dat warmteopslagsystemen het best voor zulke grote organismen werken. Minstens één kleine plantensoort doet echter vrijwel hetzelfde; hij maakt gebruik van het vermogen van aarde om warmte op te slaan, zoals we bij sommige ondergrondse gebouwen doen. Dit zijn de levende stenen (*Lithops* spp.) in de woestijnen en *scrublands* van Zuid-Afrika, die slechts een paar millimeter boven de grond uitkomen. Aarde slaat warmte goed op, maar geleidt haar slecht, zodat de temperatuur van zonbeschenen aarde snel afneemt met diepte. Levende

◀ Deze dwarsdoorsnede toont het fotosynthetische weefsel van een levende steen. Het weefsel is kwetsbaar en daarom zit het onder de zeer warme oppervlakte van de woestijn waarin de steen leeft.

▼ We gebruiken dikke ijzeren radiatoren om de overdracht van warmte te vertragen die door een brander wordt opgewekt en aan vertrekken wordt afgestaan. Op die manier fluctueert de kamertemperatuur weinig terwijl de brander aan- en uitgaat.

stenen nemen licht op via doorschijnende 'vensters' vlak bij de grond en hebben hun fotosynthetisch weefsel daar waar de aarde koeler is. In een dwarsdoorsnede ziet een levende steen eruit als een omhoogkijkende oogbal van een gewervelde. De dag- en nachttemperaturen in de plant variëren meer dan de lichaamstemperatuur van een kameel, maar fluctueert veel minder dan wanneer de hele plant op het oppervlak zou liggen.

WARMTEOPSLAG IN GEBOUWEN

Elk verwarmings- of koelsysteem dat aan- en uitgaat, is afhankelijk van warmteopslag. Het enige verschil zit in de omvang en de tijd van de opslag. De meeste verwarmingssystemen in huis gaan aan en uit. Hoe snel ze dat doen, hangt voornamelijk af van de capaciteit van de verwarming en van de warmteopslag van het huis. Geforceerde verwarmingssystemen gaan gewoonlijk vaker aan en uit dan stoomverwarmingssystemen, omdat de laatstgenoemde massieve ijzeren radiatoren hebben, die veel warmte opslaan.

Soms maken we explicieter gebruik van warmteopslag. In sommige door de zon verwarmde huizen gaat verwarmde lucht door stapels losse stenen in de kelder, zodat ze warmte opslaan als de zon schijnt; 's nachts gaat er weer onverwarmde lucht door de stenen. Een ondergronds gebouw kan het hele jaar de temperatuur gelijkmatig houden door warmteopslag in de omringende aarde. De meeste warmtepompen in huis gebruiken lucht van buiten als warmtebron voor verwarming en als warmteafvoer om te koelen. Buizen in de grond zorgen voor meer efficiëntie, al zijn de aanlegkosten hoger.

WARMTE EN VLOEISTOFFEN VERPLAATSEN

Warmte behouden met wisselaars

Als het ideale huis eenmaal op de gewenste kamertemperatuur is, heeft het geen verwarming meer nodig. Ook heeft het geen airconditioning nodig, behalve om de warmte van ons lichaam en apparaten af te voeren. Al het andere kan worden toegeschreven aan warmteverlies door slechte isolatie.

warmteoverdracht op alle punten langs de wisselaar volledig zou zijn, zou er geen warmte van binnen naar buiten worden gebracht – ook al gingen de stromen beide kanten op – en zou er zonder warmteverlies worden geventileerd.

▼ Als een waadvogel zijn ongevederde poten op lichaamstemperatuur zou houden, zou hij in feite de meeste energie besteden aan een zinloze poging een meer of oceaan te verwarmen.

Een volmaakt geïsoleerd huis zou echter snel beginnen te stinken vanwege de afvalproducten van ons lichaam en voedsel. Is dat probleem te voorkomen? Kunnen we gassen of vloeistoffen verplaatsen naar ruimten met een andere temperatuur, zonder warmte te verplaatsen?

Onze technologie heeft veel warmtewisselaars ontwikkeld, zoals de radiateurs van watergekoelde automotoren. Het ideale huis heeft een warmtewisselaar die warmte van uitgaande lucht overdraagt op binnenkomende lucht (bij warm weer andersom), zodat de warmte niet verloren gaat. De efficiëntste manier om die uitwisseling tot stand te brengen is het gebruik van een tegenstroomwarmtewisselaar.

De stromen gaan in tegenovergestelde richting. De uitgaande stroom waaraan een binnenkomende stroom warmte onttrekt, begint op kamertemperatuur. De binnenkomende stroom waaraan de uitgaande stroom zijn warmte afstaat, begint op buitentemperatuur. Als de

TEGENSTROMEN IN DE NATUUR

De Franse fysioloog Claude Bernard (1813-1878) zag als eerste in dat organismen mogelijk gebruikmaakten van tegenstroomwisselaars. Hij suggereerde dat bij de mens in de bloedvaten van de armen warmte vanuit de arteriële stroom aan de veneuze stroom werd overgedragen. Dat is zo, maar het is een weinig effectieve warmtewisselaar. In de jaren 1950 kwamen er betere wisselaars aan het licht. De Noors-Amerikaanse fysioloog Per Scholander (1905-1980) ontdekte dat een reeds bekende anatomische structuur van met elkaar verwikkelde arteriën en venen, het 'rete mirabile' (wondernet), als een tegenstroomwisselaar werkt. De merkwaardige verwikkeling van kleine vaten die bloed in tegenovergestelde richtingen leiden, zorgt voor het juiste thermische contact voor een goede warmtewisseling.

Het klassieke rete in de natuur is het netwerk van bloedvaten in de poten van waadvogels. Het zit vlak boven het punt waar de poten uit de veren komen. Daarmee kan een vogel koudbloedige poten verbinden met een warmbloedig lichaam en energieverlies door het verwarmen van water voorkomen. De staartvinnen van kleine walvissen en dolfijnen blijven koud hoewel ze worden voorzien van bloed op lichaamstemperatuur.

Als gazellen en schapen rennen, worden hun hersenen niet zo warm als de rest van hun lichaam dankzij een rete in hun kop. Opstijgend arterieel bloed wordt afgekoeld met veneus bloed dat in neusholten koud is geworden. De meeste retes kunnen worden gepasseerd door grotere bloedvaten te openen die er parallel aan lopen, zodat een dier alleen warmte kan afgeven als het te veel warmte produceert.

WISSELAARTECHNOLOGIE

In zijn beschrijving uit 1922 van de wisselaar in onze armen verwijst de Schotse fysioloog J.S. Haldane (1860-1936) naar een technologische parallel, een regeneratieve wisselaar op een oven. Verbrandingsovens hebben lucht en brandstof nodig om te kunnen branden en geen enkele oven brengt al zijn warmte over op wat moet worden verwarmd. Een wisselaar trekt buitenlucht door een buis aan die in thermisch contact is met de afvoerpijp. Door die pijp gaat gas naar buiten; de lucht voor verbranding gaat naar binnen.

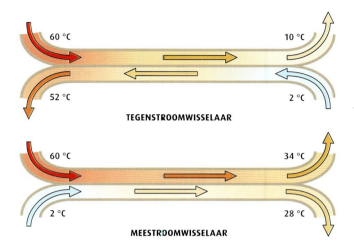

▲ Een warmtewisselaar is het efficiëntst als de twee stromen, hetzij lucht, hetzij water, in tegengestelde richtingen gaan terwijl de warmte van het ene buizenstelsel naar het andere beweegt.

Dit was in de 19e eeuw al bekend, maar niemand weet precies wanneer er bewust gebruik is gemaakt van het tegenstroomprincipe en van een manier om te voorkomen dat koude buitenlucht een onaangename trek veroorzaakt. Naarmate efficiënt energieverbruik lonender is geworden, zijn er steeds meer warmtewisselaars in gebruik genomen. Maar de meeste zijn, net als de autoradiateurs, minder efficiënte 'dwarsstroomapparaten' in plaats van 'tegenstroomapparaten'. Tegenstroomwisselaars zitten vrij omslachtig in elkaar. Twee tegengestelde stromen moeten nauw thermisch contact met elkaar maken, zonder te vermengen. Dat vergt een heel lang paar parallelle buizen, wat in pompontwerpen vrij onhandig is, of er zijn twee sets parallelle buizen nodig met complexe vertakkingen aan elk uiteinde van elke set. Soms hebben wisselaars slechts één set gescheiden buizen; een stroom in de andere richting loopt er tussendoor en wordt alleen begrensd door een buitenmantel, maar dat vermindert de complexiteit van een viertakkig naar een tweetakkig systeem. Voor organismen zijn de productie en plaatsing van buisjes iets eenvoudigs, althans, te oordelen naar de aantallen tegenstroomwisselaars die in verschillende soorten tot ontwikkeling zijn gekomen.

WARMTE EN VLOEISTOFFEN VERPLAATSEN

Ademen en warmte behouden

Een volledige ademhaling bestaat uit inademing en uitademing. Op die pompende manier halen niet alleen mensen adem, maar alle landdieren die lucht naar binnen zuigen. Zelfs sommige insecten pompen lucht in en uit hun lichaam – voornamelijk grote vliegende insecten die veel zuurstof nodig hebben en overtollige warmte kwijt moeten raken.

▶ Zelfs als hij helemaal wordt leeggedrukt, blijft er wat vloeistof in een injectiespuit achter. Het volume correspondeert met wat we in ademhalingsstelsels 'resterend longvolume' en 'dode ruimte' noemen.

Deze heen en weer gaande beweging is niet ideaal, want ze heeft twee nadelen. Ten eerste moet bij een heen en weer gaande stroom zowel de lucht als een pompmechaniek versnellen en vertragen, en dat kost energie. We besteden 1-3 procent van onze totale energieproductie aan de ventilatie van onze longen en dat percentage stijgt als we actief zijn en de minste reservecapaciteit hebben. Ten tweede zorgt de ademhaling nooit voor een volledige uitwisseling van lucht. 'Dode ruimte' is de naam voor het volume van de buizen die de buitenlucht verbinden met de longblaasjes, waar de uitwisseling in feite plaatsvindt. Bovendien hebben de longen een niet-adembaar restvolume. Wat overblijft is het volume, een deel van het volume van het totale ademhalingsstelsel, dat we met elke ademhaling kunnen uitwisselen.

Gewervelden die ademhalen zoals mensen, zouden heel goed een directere verbinding tussen longen en de buitenwereld kunnen gebruiken die minder met ons spijsverteringsstelsel verweven is. De evolutie van gewervelden heeft echter een andere weg genomen.

VAN DE NOOD EEN DEUGD MAKEN

In de natuur leidt een slechte erfenis vaak tot uitvluchten en voorzieningen die van de nood een deugd maken. Rennende viervoetige zoogdieren minimaliseren het werk dat nodig is voor een onvermijdelijke versnelling en vertraging. Hun ingewanden hangen aan de ruggengraat en zwaaien onder het rennen heen en weer. Door het zwaaien pompen hun longen met zuigerachtige bewegingen van hun middenrif zolang ze de bewegingen van rennen en ademhalen synchroniseren. Kangoeroes doen hetzelfde als ze springen en sommige vogels hebben flexibele ribbenkasten die hun vliegspieren voldoende in elkaar kunnen drukken om lucht te pompen.

Dode ruimte kan wel helpen lucht te behandelen. Een eenrichtingstroom is goed voor gasuitwisseling, maar kan de longen en al het bloed dat erdoor stroomt aan zeer koude of droge lucht blootstellen. Lucht die van buiten naar de longblaasjes moet stromen, kan onderweg worden verwarmd en bevochtigd, maar dat kost veel warmte en water.

Veel zoogdieren en vogels, vooral kleine woestijndieren, ontwijken deze problemen met een bijzondere versie van de tegenstroomwisselaar die we zojuist hebben beschreven. Een uitademing geeft warmte aan de oppervlakken in de neusgangen af, die door de vorige inademing zijn afgekoeld. De volgende inademing krijgt vervolgens warmte van deze oppervlakken. Daardoor condenseert water bij de uitademing en wordt het weer damp bij de inademing. Lucht die verzadigd van water de longen verlaat, kan vrijwel op buitentemperatuur worden uitgeademd en zodoende met veel minder waterdamp.

LICHTE ADEMHALING

Bij hijgen, zoals warme honden en enkele andere zoogdieren en vogels doen, wordt deze dode ruimte op een andere manier gebruikt. Extra ademhaling zorgt voor afgifte van extra warmte, net als transpiratie, maar zonder het verlies van zouten dat bij het transpireren hoort. Als extra ademhaling het rustvolume van de longen naar binnen en naar buiten beweegt, zou daardoor te veel kooldioxide uit het bloed worden verwijderd. Dat verlaagt het zuurgehalte van het bloed tot ontoelaatbare niveaus. Langdurige diepe ademhaling door iemand die niet aan het sporten is, kan tot verlies van bewustzijn leiden.

De bijkomende inspanning door de extra ademhaling wekt bovendien net zoveel warmte op als via de activiteit valt af te geven. Wat honden doen helpt tegen beide problemen. Hijgen is zeer oppervlakkige ademhaling, waarbij de lucht vrijwel geheel binnen de dode ruimte wordt uitgewisseld. Dat kost weinig extra werk omdat het is afgestemd op een frequentie die overeenstemt met de natuurlijke elastische reactie van de borstkas van een dier. Daarom rennen honden met hun tong uit hun bek.

EXTRA ZAKKEN

Vogels ontwijken een ander probleem van pompende ventilatie. Ze kunnen in- en uitademen, maar ze gebruiken daarbij luchtzakken in plaats van de longen zelf. Een klep in het systeem duwt een luchtstroom in één richting, zij het in een onregelmatig tempo. Daardoor zijn vogellongen klein genoeg om mee te vliegen, maar efficiënt genoeg om de grote vliegspieren van voldoende zuurstof te voorzien.

▼ Als we in- en uitademen, kunnen we niet alle lucht in ons ademhalingsstelsel uitwisselen. Daarom wordt frisse lucht vermengd met lucht waaraan de zuurstof al is onttrokken.

TOTAAL LUCHTVOLUME

RESTEREND LONGVOLUME | **MAXIMAAL ADEMVOLUME**

DODE RUIMTE

EEN KANT UIT

Onze technologie houdt zich zelden bezig met pompende ventilatie en vertrouwt in plaats daarvan op onze eenrichtingspompen en -blazers. Soms gebruiken we wel een in- en uitgaand stroomsysteem, zoals vleesbedruipers en injectiespuiten, waarbij we streven naar een minimale dode ruimte.

Klepvoorzieningen zoals in het ademhalingsstelsel van vogels passen we toe als we vloeistoffen pompen. Het meest algemene voorbeeld is een fietspomp, waarin een paar kleppen de in- en uitgaande beweging van lucht onder de zuiger omzetten in een pulserende, maar unidirectionele stroom in de band.

▶ Hijgende honden voorkomen dat ze te veel kooldioxide uitscheiden, want dan zou hun bloed te veel alkaline bevatten. Ze halen heel ondiep adem en wisselen alleen lucht uit de dode ruimte uit.

WARMTE EN VLOEISTOFFEN VERPLAATSEN

Pompen voor ventilatie

Als organismen niet op wind en waterstromen kunnen vertrouwen, gebruiken ze pompen om vloeistoffen door hun lichaam of hun verblijfplaats te persen. Er zijn verschillende pompen, afhankelijk van de combinatie van functionele eisen en voorouderlijk erfgoed. De meeste vergen de nodige energie. Ze brengen altijd bouwkosten met zich mee.

Ingenieurs verdelen pompen vaak in twee typen: die met positieve verplaatsing en die met vloeistofdynamiek. De meeste positieve verplaatsingspompen laten vloeistof een kamer vullen en maken die kamer dan kleiner zodat de vloeistof door een uitgang wegstroomt. Ze gebruiken hun vermogen meer om druk op de vloeistof uit te oefenen en minder om volume te verplaatsen.

De meeste vloeistofdynamische pompen oefenen kinetische energie rechtstreeks op de vloeistof uit met een waaier (schoepenwiel). Ze produceren betrekkelijk lage druk, maar verplaatsen grotere volumes.

NATUURLIJKE POMPEN

Hetzelfde onderscheid tussen pompen geldt ook voor natuurlijke pompen. De parallellen zeggen veel over hoe de natuur, net als ingenieurs, pompen bij hun taken laat passen. Als drukverandering het criterium is, staat de verdampingspomp waarmee bomen water van wortels naar bladeren trekken, boven aan de lijst van de positieve verplaatsingspompen van de natuur. De druk in een boom kan in het uiterste geval meer dan 100 atmosfeer bedragen. Zelfs de gebruikelijkere 10 atmosfeer is een veel hogere druk – zij het bij een veel lagere volumestroom – dan in het hart van een gewervelde, die bij 0,5 atmosfeer ophoudt. De osmotische pompen van de natuur produceren ook een hoge druk, meestal rond de 10 atmosfeer.

Gespierde buis- en kamerpersen produceren een nog lagere druk. Er zijn verschillende soorten – sommige, zoals ons hart, hebben kleppen als in fietspompen, terwijl andere peristaltische persingen gebruiken (onze darmen). Weer andere hebben een soort dynamische kleppen (vogellongen).

◀ **Bomen gebruiken krachtige positieve verplaatsingspompen om water door kleine buizen tot hoog boven de grond te zuigen.**

POMPEN VOOR VENTILATIE

▲ Bijen slaan met vleugels als vloeistofdynamische pompen en waaieren koele lucht de korf in. Een kunstmatig equivalent is de föhn.

◀ Een fietspomp is de bekendste vorm van de positieve verplaatsingspomp. Hij bevat een kamer waarvan het volume met twee eenwegkleppen is te regelen.

POMPINNOVATIES

De technologie heeft nog geen parallel ontwikkeld van de prachtige verdampingspomp van bomen, die water uit vrijwel droge grond kunnen zuigen en dan door dunne buisjes kunnen optrekken tot tientallen meters boven de grond – zonder bewegende delen.

Onze peristaltische perspompen zijn inefficiënt en zeldzaam, maar verwante pompen met bewegende kamers variëren van de kettingpompen waarmee in Azië rijstvelden worden bevloeid, tot de tandwielpompen die in hedendaagse auto's de olie laten circuleren.

VLOEISTOFDYNAMISCHE POMPEN

Vloeistofdynamische pompen in de natuur werken met een zeer lage druk, tot een honderdste atmosfeer. Haarachtige pompen werken met een druk die slechts iets hoger is. Omdat trilhaartjes wel langer, maar niet dikker kunnen worden, zijn ze niet goed te vergroten. Daarom werken bijna alle grote dynamische pompen in de natuur met spierkracht die schoepen en schroeven in beweging brengt. Voorbeelden zijn schoepventilatoren in de tunnels van sommige wormen en schaaldieren, en meertrapsblazers die worden gevormd door rijen bijen die met hun vleugels slaan om de korf te ventileren. Natuurlijke en menselijke technologie verschillen het meest in vloeistofdynamische pompen. In onze techniek ontbreekt het aan trilhaartjes of spieren, de meest voorkomende motoren van dieren, maar de natuur beschikt niet over onze veelzijdige en efficiënte mechanismen met wielen en assen.

BENADERINGEN IN NATUUR EN WETENSCHAP VERGELIJKEN

Het vergelijken van pomptechnologieën roept twee problemen op. Ten eerste, waarom zijn enkele van de effectiefste pompen in de natuur zeldzaam? Onder eenvoudige positieve verplaatsingspompen vinden we geen luchtpompen zoals we in aquaria gebruiken. Misschien vinden onderwaterorganismen met zwemblazen hun gas te kostbaar om weg te pompen. Onder de vloeistofdynamische pompen vinden we geen centrifugale zoals in wasmachines. Logisch, want de natuur maakt geen wielen en assen.

Ten tweede, waarom worden sommige typen pompen in de natuur niet in onze technologie toegepast? We hebben nooit zuigkracht gebruikt om water op te tillen boven de limiet van 10 meter die door de atmosferische druk wordt bepaald. Cavitatie in iets anders dan microscopische buizen schijnt een onoverkomelijk obstakel te zijn. Voor onze klep-en-kamerpompen maken we zelden gebruik van flexibele materialen – bij gebrek aan spieren gebruiken we meestal bewegende zuigers in cilinders in plaats van persende kamers. Zonder trilhaartjes kunnen we geen buizen maken die hun wand gebruiken om te pompen. De natuur heeft overduidelijk nog een complete catalogus met kansen voor ons.

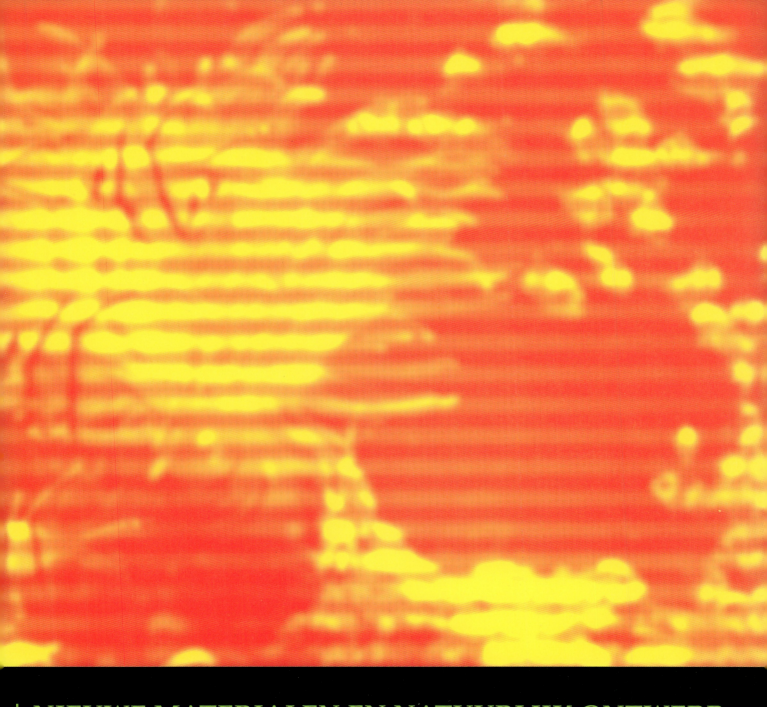
NIEUWE MATERIALEN EN NATUURLIJK ONTWERP

NIEUWE MATERIALEN EN NATUURLIJK ONTWERP

Inleiding

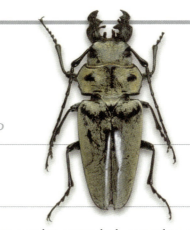

Evenals technologie is biologie afhankelijk van materialen voor de structuren die ze maakt. Deze structuren moeten ook goedkoop en betrouwbaar zijn. Evolutionaire geschiktheid (en dus overleving) is ten dele gebaseerd op waarde – de overleving van de goedkoopste. Succes vergt het vermogen te wedijveren om vaak schaarse hulpbronnen en daarmee te overleven.

Dieren en planten worden grotendeels gemaakt van materiaal dat in ruime mate beschikbaar is, zoals water, koolstof, waterstof, stikstof, calcium en silicium. Er worden weinig metalen gebruikt, hoewel ijzer, zink en mangaan soms onmisbaar zijn. Wetenschappers van Cambridge University (GB) hebben onder leiding van Mike Ashby enkele 'kaarten van eigenschappen' gemaakt met de relaties tussen diverse eigenschappen van materialen in het ontwerp van structuren. De kaart waarop stijfheid en sterkte tegen elkaar zijn afgezet (zie hiernaast), is te gebruiken bij het ontwerpen van draagbalken, platen en schoorbalken. Als de dichtheid in aanmerking wordt genomen, overlappen natuurlijke en kunstmatige materialen een groot gebied; ze hebben dus dezelfde mechanische eigenschappen. Biologische materialen worden bij omgevingstemperaturen gemaakt van slechts twee polymeren (eiwit en polysacharide), twee keramische materialen (calciumzouten en silica) en enkele metalen, terwijl kunstmatige materialen hoge temperaturen en honderden polymeren vergen.

Biologische materialen bevatten water, een component die in vrijwel alle kunstmatige materialen ontbreekt en in die context als afbrekingsfactor wordt beschouwd. Water is echter het goedkoopste beschikbare materiaal. Het vormt het medium waarin alle chemische reacties van biologie plaatsvinden. Water is van cruciaal belang in het reguleren van de 'zelfassemblage' van de materialen. Water werkt als

BIOLOGIE — Lichte veelvoorkomende elementen — Na P Cl K Ca — H C N O Si — GROEI DOOR ADAPTIEVE ACCRETIE — DOOR OMGEVING BEÏNVLOEDE ZELFASSEMBLAGE — HIËRARCHISCHE STRUCTUUR — GRENSVLAKKEN MAKEN GESCHEIDEN REGULERING VAN STIJFHEID EN BREUK MOGELIJK — Op omgeving reagerend — EXTERN Adaptief in functie en morfologie — INTERN Groei Herstel

TECHNIEK — Veel zware elementen, sommige zeldzaam — Fe Ni Al Zn Cr — FABRICAGE UIT POEDERS, SMELTEN, OPLOSSINGEN — VAN BUITEN OPGELEGDE VORM — MEESTAL MONOLITHISCH; WEINIG OF GEEN HIËRARCHIE — WEINIG GRENSVLAKKEN, DUS WEINIG REGULERING VAN BREUK — Nauwelijks reagerend op omgeving — Verouderend

◄ Techniek (rechterkolom) en biologie (linkerkolom) zijn zeer verschillend in de keuze en het gebruik van grondstoffen.

▲ Kevers zijn het talrijkst van alle insecten. De harde schaal – cuticula – is een verfijnde composiet, zoiets als glasvezel.

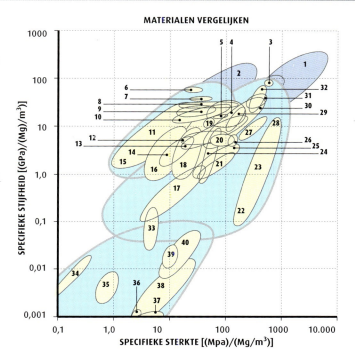

▶ Als we rekening houden met de dichtheid, is er weinig verschil tussen de stijfheid en de sterkte van biologische en technische materialen. De biologische materialen (lichtblauw; specifieke materialen in geel) omvatten vrijwel alle technische materialen (donkerblauw).

een weekmaker, het geeft polysachariden en eiwitten bewegingsruimte, verhindert (of maskeert) veel van hun interacties en vergroot zo het aantal mechanische eigenschappen. Het is ook een waardevolle structurele component voor weerstand tegen compressie – bijvoorbeeld in plantencellen, waarin het onder een druk van ongeveer 10 atmosfeer zit, in materialen zoals kraakbeen, waarin het chemisch in de structuur wordt 'gebonden', en in sommige soorten wormen, waarin het een soortgelijke functie voor bot heeft. Het zou mooi zijn als we een systeem konden ontwikkelen voor de synthese en verwerking van materialen op basis van water, want water zou dan niet langer een verstorende factor zijn.

WETENSCHAP VEREIST GETALLEN

Als er geen getallen zijn, kunnen er geen vergelijkingen zijn en dus geen wetenschap en geen verbeteringen. We moeten dus kennis hebben van dingen als stijfheid, de weerstand van een materiaal tegen vervorming (niet te verwarren met kracht, de weerstand van een materiaal tegen breuk), die in newton per vierkante meter wordt gemeten. Een newton is (ruwweg) de kracht die een grote appel uitoefent in het zwaartekrachtveld van de aarde. Eén newton die op één vierkante meter werkt, wordt een pascal genoemd. Een gelatinepudding heeft een stijfheid van ongeveer 1000 pascal (1 kPa); de stijfheid van rubber is ongeveer 1000 keer zo groot (1 MPa) en een stijve kunststof zoals polymethylmethacrylaat (perspex of lucite) is ongeveer 1000 keer (1 GPa) zo stijf. Het exoskelet van verschillende insecten kan dit hele gebied dekken.

Op water gebaseerde processen in biologische materialen kunnen productief zijn. Het exoskelet of de cuticula van insecten bestaat bijvoorbeeld grotendeels uit vezels van chitine (een polysacharide polymeer) in een eiwitmatrix. Zijdeachtige structuren in het eiwit reageren met soortgelijke zijketens met tussenruimtes op de chitine. Als

Technische materialen van topkwaliteit
1 Keramiek
2 Legeringen

Biologische materialen
3 Chitine, cellulose
4 Hout (∥) (parallel aan de nerf)
5 Droog kokoshout
6 Calciet
7 Aragoniet
8 Hydroxyapatiet
9 Email
10 Mosselschelp
11 Koraal (C) (verkalkt)
12 Dentine (tandbeen)
13 Compact bot
14 Keratine
15 Koraal (T) (gelooid eiwit)
16 Hout (T) (dwars op de nerf)
17 Poreus bot
18 Groen kokoshout
19 Gelaagd hout
20 Rotan
21 Wol
22 Kleverige zijde
23 Coconzijde
24 Cuticula
25 Collageen
26 Geweibot
27 Katoen
28 Spindraad
29 Houtcelwand
30 Bamboe
31 Hennep
32 Vlas
33 Kurk
34 Spier
35 Parenchym
36 Resiline
37 Kraakbeen
38 Elastine
39 Huid
40 Leer

het eiwit wordt opgeslagen, bevat het veel water; als de cuticula verstijft tot een lastdragend skelet wordt dit water verwijderd, zodat er banden tussen de eiwitketens kunnen worden gevormd. Kunststoffen, het technologische equivalent van cuticula, worden niet op die manier bewerkt en hebben een speciale behandeling nodig om materialen te produceren met de eigenschappen van de sterkte/gewichtverhouding van cuticula.

NIEUWE MATERIALEN EN NATUURLIJK ONTWERP

Eiwitten

Eiwitten bestaan uit ketens van aminozuren. Er zijn honderden aminozuren, maar slechts ongeveer twintig vormen natuurlijke eiwitten. Hun uiteenlopende chemische eigenschappen bieden echter veel manieren om eiwitten met elkaar en met de directe omgeving te laten reageren.

▶ Collageen, een eiwitvezel, vormt een netwerk van vezels voor zachte skeletten.

De vormen van eiwitten hangen af van de hoeveelheid beweging die de componenten toestaan. Het kleinste van de twintig aminozuren, glycine, staat de meeste beweging toe en geeft de eiwitketen dus de meeste flexibiliteit. Proline heeft een structuur die stijfheid biedt en de keten stabiel maakt. Aminozuren kunnen hydrofiel (binding met water mogelijk) of hydrofoob (waterafstotend) zijn.

ENKELE BASISVORMEN EN -EIGENSCHAPPEN

Collageen bestaat uit drie eiwitketens die om elkaar heen zijn gedraaid. De chemie en grootte van de aminozuren bepalen de vorm van de keten. De elastische stijfheid van collageenvezels, ongeveer 1,5 GPa, is typerend voor amorfe kunststoffen, maar is laag voor een betrekkelijk ordelijk materiaal zoals collageen, waarin de krachten door de hoofdketen worden gedragen. Een stijve, sterke vorm van collageen is te vinden in de wand van de hydraulische capsule die de angel van zeeanemonen en kwallen aandrijft. De stijfheid van het collageen is hier ongeveer 25 GPa, zodat de inhoud van de capsule een druk van 150 atmosfeer kan bereiken voordat de angel eruit schiet, zodat de angels van sommige kwallen zelfs door de schaal van schaaldieren heen kunnen dringen.

Keratinen zijn typerend voor de buitenbekleding van gewervelden. Bij zoogdieren vormen ze haren, slagpennen en stekels, hoorns, hoeven, baleinen en de buitenste laag van de huid. De keratinestructuur van zoogdieren lijkt op springveren (met een stijfheid van 6-10 GPa); de keratinen van vogels en reptielen worden gemaakt uit een uitgerekte

◀ De draden van de 'baard' van mosselen zijn gebruikt om zeer sterke buidels van te maken, vandaar de wetenschappelijke naam *byssus*, naar de naam van Oudegyptisch fijn linnen, of byssus.

▼ Spinnenwebben zijn van zijde, een vezel die sterker en stijver is dan staal.

▶ De stekels van zeeanemonen bevatten vloeistof onder hoge druk in een hydraulische capsule.

gedraaide plaat. Keratine zit altijd in de cellen die haar produceren; deze cellen zitten dicht en parallel op elkaar en plakken aan elkaar. De mechanische eigenschappen van de veerachtige structuren kunnen door het mechanisch testen van haar of hoorn worden afgeleid, zodat er een grafiek is te maken die de relatie tussen druk en spanning weergeeft.

Zijde is stijver en taaier dan de meeste technische materialen, vooral als met de dichtheid rekening wordt gehouden. Zijde wordt door veel rupsen van nachtvlinders geproduceerd voor cocons en door spinnen voor webben. Het materiaal bestaat voornamelijk uit eiwit met een plaatachtige structuur. Zijde kan een zeer hoge stijfheid en sterkte hebben omdat de covalente bindingen (de stijfste en sterkste bindingen in de chemie) in de richting van de vezel liggen. Haaks op de platen zijn de bindingen zwakker, zodat de eiwitketens heel gemakkelijk langs elkaar kunnen glijden en een vezel ondanks zijn stijfheid heel flexibel is.

Elastine zit in alle dieren met botten. Het is een zacht, geel materiaal dat tussen de botten van het skelet zit en ligamenten vormt zoals het ligamentum nuchae achter in de nek, dat als de contraveer in een verstelbare bureaulamp werkt. Elastine zit ook in de aorta en de arteriën, waar het voor elastische terugslag tegen de pulsen van het bloed zorgt en de belasting van het hart vermindert. Elastine is in het laboratorium te maken door een ligament te verhitten tot 110 °C; dan smelten het collageen en andere weefsels en lossen ze op; de elastine blijft intact vanwege de hittebestendige dwarsverbindingen die elastine bijeenhouden. Het belangrijkste werk met elastine is gedaan door Dan Urry aan de University of Birmingham, Alabama. Hij toonde aan dat elastinevezels uitrekbare spiralen met een waterige kern zijn. Elastine heeft de vreemde eigenschap bij koude abrupt samen te trekken en daarom kon hij als een moleculaire warmtemotor worden gebruikt om kleine machines aan te drijven.

De draden waarmee mosselen aan rotsen vastzitten, bevatten collageen, zijde en elastine. Ze zijn sterk en stijf, maar kunnen uitrekken met de beweging van golven, die de draden parallel trekt zodat andere draden op dezelfde lijn komen. Dat vergroot de kracht van de verankering. De lijm die de draad aan de rots vasthoudt, is bestudeerd voor de productie van medische lijm (zie ook hoofdstuk 1).

NIEUWE MATERIALEN EN NATUURLIJK ONTWERP

Polysachariden – structurele suikers

Polysachariden zijn een soort koolhydraat- (of suiker-) moleculen die het basismateriaal voor vele levende dingen vormen. De suikereenheden verbinden zich met elkaar tot stijve vezels of waterige, ruimtevullende gels. Voorbeelden zijn cellulosevezels in planten en kraakbeen in de gewrichten tussen botten.

▶ Stengels zijn vezelig en staan onder strakke spanning, tot in de moleculaire cellulosevezels waarvan ze zijn gemaakt.

De moleculen in deze polysacharideketens zitten in kristallijne nanovezels die enkele tienden van nanometers dik zijn, maar die zo lang kunnen zijn als u wilt. De stijfheid van een cellulose-nanovezel is 135 GPa en die van een chitine-nanovezel minstens 150 GPa, wat vergelijkbaar is met koolstofvezels. Chitine zit in onze chemische opbouw en is dus te gebruiken in klinisch veilige vervangende weefsels voor medische toepassingen. De patronen van nanovezels doen denken aan vloeibare kristallen, waarin korte, stijve moleculen dicht tegen elkaar liggen als bundels spaghetti, die voor grotere en stijvere structuren zorgen.

In feite is elke vorm van zelfassemblage (en dus groei) te beschouwen als vorm van vloeibare kristalliniteit waarin de verhoudingen tussen polysachariden en water kunnen variëren om een groot aantal mechanische eigenschappen te produceren, afhankelijk van de ligging van de vezel en de hoeveelheid water in het eiwitmatrix. De cuticula van insecten kan bijvoorbeeld zo zacht zijn als sputum (stijfheid van ongeveer 1 kPa) of stijver dan glasvezel (ongeveer 20 GPa).

DE STRUCTUUR VAN CELLULOSE

Het beste model voor de synthese van cellulose is geopperd door R.D. Preston, hoogleraar biofysica en botanie aan Leeds University (GB). Volgens hem wordt cellulose gesponnen vanuit het midden van rozetvormige enzymen die in het celmembraan drijven. Hij had daar geen echt bewijs voor, maar het stimuleerde een zoektocht naar de structuur. De enzymrozetten werden gevonden, hexagonaal ingedeeld in groepen van honderd of meer, die om het membraan liepen en een spoor van cellulose-nanovezels achterlieten die microfibrillen vormden.

De oriëntering van cellulose in de celwanden wordt geregeld door een netwerk van microbuisjes op de

CELLULOSE

CHITINE

◀ Cellulose en chitine bestaan uit suikerketens. Ze hebben vrijwel dezelfde structuur, komen zeer veel voor en zijn heel sterk.

binnenkant (cortex) van de cel. Vorm, grootte en stijfheid van de groeiende scheut van een jonge plant worden geregeld door de mechanische eigenschappen van de buitenwand van de buitenlaag van de cel. Deze wand is enkele malen dikker dan de andere celwanden in de groeiende scheut en heeft dus een grotere mechanische invloed. De oriëntering van de microbuisjes kan worden veranderd door externe prikkels zoals licht, auxine (een plantenhormoon) en mechanische spanningen zoals buigen. Deze prikkels versterken elkaar; een kleine hoeveelheid auxine maakt de cellen bijvoorbeeld gevoeliger voor de andere prikkels. Tegelijkertijd verandert het groeitempo en zo is het de heroriëntering van cellulosemicrofibrillen, met de veranderende oriëntering van de microbuisjes als bemiddelaar, die groei en vorm regelt.

Het cellulosenetwerk is niet het enige. Pectine (ook een polysacharide, bekend om zijn stollende, verdikkende en stabiliserende eigenschappen in voedingsmiddelen zoals jam) zit in de meeste primaire celwanden en komt vooral veel voor in de niet-houten delen van landplanten. Het zit ook in de middelste lamel tussen plantencellen, waar het helpt cellen samen te binden. Pectinen hebben veel grote zijketens waarmee ze ruimten tussen microfibrillen en cellen kunnen vullen en cellen aan elkaar kunnen plakken. In rijpend fruit worden de pectinen oplosbaar gemaakt en plakken ze minder goed, zodat de textuur van het weefsel verandert. Een ander netwerk bestaat uit lignine, een complex, inert polymeer van alcoholen op basis van hydrofobe, zeer stabiele koolwaterstofeenheden ('fenolringen') die de beweeglijkheid van de celwandvezels beperkten en de wanden droger en stijver maken.

RUIMTEVULLERS EN GELS

Polysachariden kunnen ook ruimtevullende structuren maken. In tegenstelling tot eiwitten, die slechts één soort verbinding tussen de subeenheden hebben, kunnen de 6-koolstofsuikers van de meeste polysachariden met vrijwel alle koolstofatomen worden verbonden. Daardoor kunnen ze vertakken en zwierige vormen produceren. Ze binden

▶ Een rijpe pruim is zacht omdat de 'lijm' tussen de cellen gedeeltelijk is opgelost en de cellen langs elkaar kunnen glijden.

ook grote hoeveelheden water, en wel zodanig dat een stabiele gel kan worden gevormd met minder dan 2 procent vast materiaal. In dieren worden deze met collageen en andere eiwitten gecombineerd tot kraakbeen, het doorschijnende witte materiaal dat gewrichtsoppervlakken en de 'botten' van haaien vormt. Van soortgelijke materialen, met nog meer water, worden de skeletten en vormen van de meeste kleine mariene organismen gemaakt.

De meeste van deze manieren om materialen en structuren te ontwerpen zijn niet op kunstmatige materialen toe te passen, voornamelijk omdat we niet begrijpen hoe water als structurele eenheid is te gebruiken. Onze materiaaltechnologie is voornamelijk afgeleid van chemicaliën die in olie zijn gevonden; olie en water zijn niet te mengen omdat ze zo verschillend zijn. De kunstmatige analogieën die het dichtst bij de biologische materialen komen, zijn vezelcomposieten zoals glasvezel, maar biologische materialen zijn veel complexer. Als we wisten hoe we deze organische processen konden nabootsen, zou het heel goedkoop kunnen zijn soortgelijke structuren te maken.

NIEUWE MATERIALEN EN NATUURLIJK ONTWERP

Vreemde vloeistoffen

Water is het belangrijkste materiaal in biologie, maar ook het vreemdste en minst begrepen. Het vormt het medium waarin de moleculen van het leven zichzelf opbouwen en waarin ze met elkaar reageren. Het verzacht eiwitten en polysachariden, maar steunt het skelet van de meeste planten en dieren.

Veel gels (inclusief voedingsgels zoals ijs en gelatinepudding) zijn opvallend waterig – slechts 1 of 2 procent vaste stoffen – en toch stijf en stabiel. Hoe kan zo'n kleine hoeveelheid materiaal zoveel water domineren? Volgens de huidige kennis is water een klein molecuul en kan het dus invloed over slechts kleine afstanden uitoefenen, vooral als er zouten zijn die deze interacties kunnen verstoren. Als dat het geval is, hoe kunnen dan stabiele, maar waterige gels ontstaan en hoe kan een samenhangende regendruppel zich om een deeltje vormen? Gerry Pollack, biofysicus aan de University of Washington in Seattle, heeft ontdekt dat hydrofiele oppervlakken de ordening van watermoleculen over honderden micrometers (μm) beïnvloeden. Zulke oppervlakken creëren een zone waarin 'grote' deeltjes zoals bollen met een diameter van 2 μm (minstens 1000 keer groter dan een 'normaal' molecuul in oplossing) kunnen worden uitgesloten. Deze

▼ Water is onmisbaar voor het leven, maar het is nog mysterieus hoe het werkt. De natuur gebruikt het als medium in de structuur van vele soorten materialen.

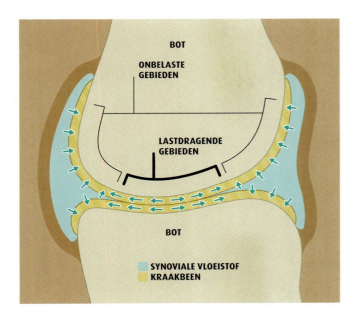

Het synoviale membraan om het kniegewricht bevat de synoviale smeervloeistof, die in het zachte kraakbeen wordt opgenomen als er geen contact tussen de gewrichtsoppervlakken is en eruit wordt geperst als het gewricht belast wordt.

uitsluitingszone is gemakkelijk met een lichtmicroscoop te zien; hij ontstaat in een paar minuten uit een doorgeroerde oplossing/suspensie van deeltjes. Het water in deze ordelijke uitsluitingszone kan stromen, zij het traag. Het is nog niet onderzocht of de uitsluitingszone standhoudt tegen externe krachten, maar met het oog op smering zou het interessant zijn.

GEAVANCEERDE SMEERMIDDELEN

Volgens huidige theorieën van biologische smering worden grote moleculen (gewoonlijk van hyaluronzuur) aan een oppervlak gebonden. Dat zou gebeuren in scharniergewrichten zoals de knie en de heup. Als het gewricht belast wordt, wordt een waterige oplossing uit het kraakbeen geduwd. Het hyaluronzuur, dat als de haren van een borstel op het kraakbeenoppervlak zit, bindt grote hoeveelheden water als een gel en zorgt voor de smeerlaag tussen de twee oppervlakken. De zeer lage wrijving in natuurlijke scharniergewrichten is nog niet in kunstmatige waterige gewrichten tot stand gebracht.

Een soortgelijk effect is aangetroffen bij een dunne film, nog geen nanometer dik, van een grote polysacharide uit de algensoort *Porphyridium*, die uit een oplossing in water is geadsorbeerd. De wrijving met dit experimentele systeem was laag en er was zelfs bij hoge druk geen slijtage. Atoomkrachtmicroscopie toonde aan dat het biopolymeer aan het wrijvingsoppervlak vastzat, maar mobiel was en gemakkelijk werd afgeschoven. Vanwege de adsorptie van deze polysacharide aan oppervlakken, zijn lage wrijving, zijn robuustheid en de lage afhankelijkheid van de viskeuze wrijvingskracht van de glijsnelheid is het een uitstekende kandidaat voor gebruik in smeermiddelen op waterbasis. (In de wereld van techniek zijn viskeuze wrijvingskrachten recht evenredig met het snelheidsverschil tussen de glijdende oppervlakten; als de snelheid toeneemt, wordt de wrijvingskracht ook groter.) Hij kan zelfs aan synoviale vloeistof worden toegevoegd in gewrichten zoals de knie. Dat zo'n dunne film zo'n dramatisch effect kan hebben, wijst erop dat het water wordt geordend door de polysacharide, zodat het een basis voor smering is die heel anders is dan de klassieke verklaring die is gebaseerd op dikke 'polymere borstel'-lagen. Hoeveel smering is te wijten aan gereguleerde afschuiving van de vloeibare kristalstructuur van het water? Hoe wordt zijn schuifkracht beïnvloed door de moleculen die het stabiliseren? Deze observaties – over de aard van water aan oppervlakken en de manier waarop biologische moleculen het kunnen beïnvloeden – zijn van groot belang.

Gelatinepudding bestaat voor wel 98% uit water en uit heel weinig vast materiaal – waarom vloeit hij dan niet weg?

NIEUWE MATERIALEN EN NATUURLIJK ONTWERP

Stijfheid uit water

Water is niet gemakkelijk samen te drukken en kan dus een kracht overbrengen, net als een bot, maar alleen als het in een ballon met een stijve wand zit. Wormen en maden zijn helemaal een lagedrukballon. In planten zijn de ballonnen cellen van 0,1 mm doorsnede met een inwendige druk (turgor) van 10 atmosfeer of meer.

In planten kleven de cellen aan elkaar en brengen ze krachten op elkaar over. Daardoor ontstaat een textuur die in vruchten zoals appels 'stevig' wordt genoemd en in niet-houten planten zoals de steel van een paardenbloem 'stijf'. Deze steel moet de aanzienlijke zijdelingse belasting weerstaan die de wind uitoefent, zijn eigen gewicht is onbelangrijk. De kritische factor in het handhaven van de verticale positie is zijn vermogen de compressiekrachten te weerstaan die op de concave zijde (de lijzijde) komen als hij buigt; de steel zal nooit breken aan de zijde die naar de wind toe is gekeerd omdat de cellulose onder rekbelasting heel sterk is. Het waarschijnlijkst is een breuk van de vezels in de celwanden, die leidt tot een compressievouw.

OPGEZWOLLENHEID

De steel van een bloem heeft kleine dikwandige cellen aan de buitenkant en grote dunwandige aan de binnenkant. Naarmate de turgor toeneemt, kunnen de inwendige cellen meer rekken dan de uitwendige en krult er een strook langs de steel, waarbij de cellen met dunnere wanden aan de buitenkant van de steel zitten. De turgor zorgt namelijk voor een constante kracht, zodat de druk op de dunnere wanden groter zal zijn. Een intacte steel krult niet omdat alle 'stroken' aan elkaar trekken, wat leidt tot cirkelvormige of 'hoepelvormige' druk in de buitenlagen. Een zijdelingse

◄ Kwallen zijn in wezen omgekeerde zeeanemonen. De gelei is een zacht skelet, waartegen de spieren kunnen reageren.

▲ Deze steel van een paardenbloem is in de lengte opengesneden en in water gehouden. De cellen absorbeerden water en zwollen op.

STIJFHEID UIT WATER

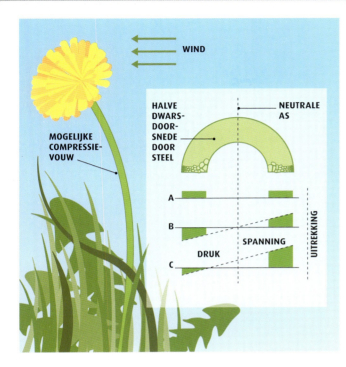

▼ Turgordruk rekt de cellen in de steel (A) en wind rekt de ene kant van de steel en drukt de andere (B) in. Samen vormen ze C.

DE BUIS ALS MECHANISME

In dieren is druk veel lager omdat ze veel actiever zijn dan planten en hun vorm snel en gemakkelijk moeten kunnen veranderen. Een buis is een veelvoorkomende vorm bij dieren (wormen, darmen, bloedvaten, weefsel rondom spieren en zenuwen). Hij wordt in de hele natuur op vrijwel dezelfde manier gebouwd. Biologische buizen moeten niet alleen kunnen buigen, maar ook in lengte en doorsnede kunnen veranderen. De ontwerper van drukvaten is vertrouwd met de universele oplossing: gekruiste spiraalvormige vezels van collageen, met de structuur van visnetkousen. Zulke kousen passen zich aan allerlei veranderlijke vormen aan. Een buis met een constante diameter heeft bij een maximaal volume een hoek tussen de vezels van 54° 45'. Als de buis onder het maximale volume wordt gehouden, kan zijn vorm variëren van kort en dik tot lang en dun; maar materiële eigenschappen spelen bijvoorbeeld een rol in het buisvormige uitstulpingsmechanisme van de tong van een kameleon. Hij verlengt de dubbel spiraalvormige buis bij een constante diameter, waardoor de collageenvezels worden uitgerekt en er elastische energie in wordt opgeslagen, die dan de zware tongpunt uit de bek laat schieten. De eigenschappen van de spiraalvormige buis zijn al jaren bekend en worden gebruikt in het ontwerp van drukvaten zoals kanonnen en raketmotoren. Het idee het principe te gebruiken als mechanisme om beweging te sturen schijnt lang genegeerd te zijn en is alleen te vinden in de bekleding van draden in elektrische apparaten.

belasting zal deze hoge druk dus op de compressiezijde moeten afwentelen. Als de plantensteel zijn celwandmateriaal aan de periferie van de steel kan concentreren, zal de trekkracht in het materiaal maximaal zijn waar de compressiedruk op de structuur het hoogst is. Dit mechanisme zet weliswaar veel grotere trekbelastingen op de spanningszijde van de steel, maar de cellulose van de celwand kan spanningen van 1 GPa hebben voordat hij breekt. Een voordeel van dit ontwerp is dat de kleine dikwandige cellen die de hoogste compressiespanning aankunnen, veel minder gauw zullen breken door te buigen dan de grotere cellen met dunnere wanden die dichter bij het midden van de steel zitten. De gradiënt in celwanddikte over de steel heeft een dubbel effect in het weerstaan van buigingen, dat op het niveau van de cel en van de hele structuur werkt. Wederom overtreft het gedetailleerde ontwerp van de natuur onze tamelijk grove assemblagetechnieken. Wij hebben meer materiaal nodig om hetzelfde mechanische resultaat te bereiken.

▶ De tong van de kameleon wordt gekatapulteerd door uitgerekt collageen, zodat zijn bereik voor het vangen van een prooi groter wordt.

NIEUWE MATERIALEN EN NATUURLIJK ONTWERP

Zachte composieten

De huid bepaalt de vorm van een organisme, scheidt het van de buitenwereld en beschermt het ertegen, terwijl alle vormen van communicatie (zintuigen, voeding, transpiratie, uitscheiding) ongehinderd blijven. Zoogdierhuid is in mechanisch opzicht een van de meest complexe en de 'huid' van een insect (de cuticula) is een van de veelzijdigste.

De menselijke huid is een netwerk van collageenvezels met wat elastine, in een matrix van eiwitten en polysachariden. De buitenste laag (epidermis) wordt beschermd door een laag cellen (stratum corneum) vol keratineus eiwit in veervormige spiralen (helices). De mechanische eigenschappen van de mensenhuid zijn niet-lineair, anisotroop en afhankelijk van de mate van spanning. De oriëntering van de collageenvezels is rond 1880 onderzocht door de Oostenrijkse anatoom Karl Langer (1819-1887), die cirkelvormige gaten in de huid van kadavers maakte en opmerkte dat de gaten ovaal werden. Hij trok lijnen die de lange assen van de ovalen verbonden en bracht zo de richtingen van de laagste stijfheid in kaart. Als de huid wordt opgerekt, ontstaat er een J-vormige spanningscurve die typerend is voor bijna alle collagene structuren. Hij is toe te schrijven aan de heroriëntering van de collageenvezels in de rekrichting. De oriëntering van collageen in huid varieert in alle drie richtingen. Omdat de heroriëntering van vezels in huid betrekkelijk weinig kracht schijnt te vergen (ondanks grote verplaatsingen), is moeilijk vast te stellen wat het beginpunt voor een mechanische test moet zijn.

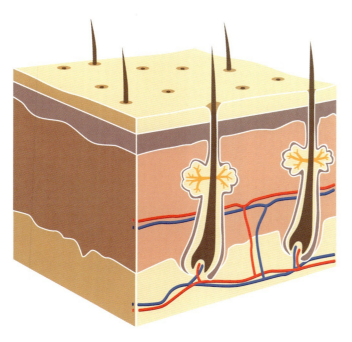

◀ Huid is mechanisch zeer complex en bestaat uit verscheidene lagen. Als de buitenste laag wordt afgeworpen, nemen onderliggende cellen zijn plaats in.

TAAIHEID IS SLECHTS ZO DIEP ALS HUID

De huid wordt zelden in één richting gerekt, maar meestal in diverse richtingen tegelijk. In experimenten wordt hij met behulp van een ring met hulpstukken in tien of meer richtingen tegelijk gerekt. Zelfs de geavanceerdste computeranalyse kan geen algemeen model van het mechanische gedrag van de huid produceren. Bij een eindige-elementenmethode wordt het materiaal of de structuur bijvoorbeeld verdeeld in een groot aantal gedefinieerde (eindige) elementen waarvan de eigenschappen in eenvoudige termen zijn uit te drukken, evenals hun wisselwerking met naburige elementen. Daardoor kunnen complexe vormen met niet-lineaire eigenschappen worden gezien als een assemblage van eenvoudige vormen met lineaire eigenschappen. Huid verslaat echter de ingenieur (die gewend is aan herhaalbare experimenten), in die zin dat er verschillen in de relatieve stijfheid en rekbaarheid van huid tussen mensen zitten die niet zijn te relateren aan geslacht, plaats op het lichaam of omgeving. Onder deze omstandigheden moet de onderzoeker meestal een 'constitutieve vergelijking' gebruiken, die meer van observatie dan van theorie is afgeleid, al kan de theorie wel volgen. Toen Robert Hooke zijn wet *ut tensio sic vis* – 'zo trek, zo kracht' – formuleerde, wist hij niet waar de relatie vandaan kwam, en dus is deze belangrijke en nuttige formulering constitutief. Het probleem is dat niemand weet of de beschrijving alle belangrijke factoren omvat. Het gaat om een correlatie, niet om causaliteit.

Diverse factoren maken samen de huid tot een taai materiaal. Een geringe stijfheid bij kleine uitrekkingen betekent dat vervorming van de huid plaatselijk is, zodat de beschadiging wordt geïsoleerd. Als de huid met een mes wordt beschadigd, zorgt de opheffing van spanning door de wond ervoor dat de vezels aan de rand van de wond zich heroriënteren in de richting waarin de wond zich zal ontwikkelen, waardoor de huid adaptief op beschadiging reageert. Dit soort materiaal wordt op dit moment het best geïmiteerd door gebreide weefsels die heel moeilijk te scheuren zijn, of kunststoffen met lange vezels voor taaie omhulsels. Deze zijn echter onafhankelijk van natuurlijke prototypen ontworpen. De industriële economie is zodanig dat het besluit tot invoering ervan meer afhangt van de kosten van de invoering dan van mogelijke verbeteringen in het product, zelfs als zich een beter idee aandient.

Huid is niet het enige zachte vezelige materiaal. Diverse buizen die lucht en vloeistoffen door lichamen van dieren leiden, van wormen tot mensen, lijken heel veel op binnenlagen van huid in hun componenten, hoewel de oriëntering van vezels nauw verwant is aan de mechanische vereisten. Inwendige verbindende membranen die de organen steunen en begrenzen zijn brozer. De belangrijkste component van al deze weefsels, collageen, vormt een kwart van het totale eiwit in het lichaam.

▲ De collagene vezels in huid zijn zodanig gericht dat het lichaam er vrij in kan bewegen. We noemen dit de lijnen van Langer.

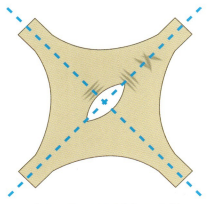

▲ De collagene vezels kunnen zich heroriënteren als reactie op een wond. Hier zorgen ze ervoor dat de snede zich niet verder uitbreidt.

NIEUWE MATERIALEN EN NATUURLIJK ONTWERP

Stijve composieten

Water is essentieel voor de productie en samenstelling van biologische composieten. Een manier om stijf materiaal te maken is het water te verwijderen en de stijve vezels aan elkaar te laten plakken. In planten en dieren wordt dat gedaan met een chemisch proces dat veel lijkt op het looien van leer.

▲ Deze vrouwelijke sprinkhaan (*Locusta migratoria*) is stijf, zoals de meeste insecten. Ze is bruin of zwart, als gevolg van een proces dat fenolische 'looiing' wordt genoemd.

De cuticula van insecten is een betrekkelijk simpel composietmateriaal. De variabelen zijn de hoeveelheid chitine, de oriëntering ervan, het soort eiwit, de hydratatie en de hoeveelheid en plaats van andere substanties (melaninen, zink, mangaan, enkele zouten). De stijfheid varieert van tientallen GPa in 'harde' cuticula in het lichaam van de grotere kevers, tot 1 kPa in de zachtste cuticula van het uitrekbare intersegmentale membraan van de vrouwelijke sprinkhaan. Cuticula is typerend voor met waterstof gebonden materialen, in die zin dat een kleine verandering in waterinhoud van slechts een paar procent kan leiden tot een zeer grote verandering in stijfheid. De cuticula maakt een overgang in stijfheid door bij een waterinhoud van ongeveer 25 procent. Dat suggereert dat vrij water (dat voldoende mobiel is om het eiwit kneedbaar te maken) verloren gaat en er slechts één laag van strakker gebonden water op het oppervlak van het eiwit achterblijft, die niet voldoende is om de beweging van eiwitmoleculen ten opzichte van elkaar te smeren. Dit soort overgang is ook in andere systemen te zien, onder andere in voedsel op basis van zetmeel. Het is ook de basis van enkele andere trucs die cuticula kan uithalen.

Een van de opvallendste daarvan is het stijf worden van cuticula als een insect zijn oude exoskelet afwerpt. Wat veroorzaakt deze dehydratie? In vrijwel alle gevallen lijkt het om een heel algemeen mechanisme te gaan – de toevoeging van fenol bevattende materialen.

FENOLHOUDENDE MATERIALEN
Als u sterke zwarte thee zonder melk of 'droge' rode wijn drinkt, voelt uw tong ruw en plakkerig aan. Fenolhoudende bestanddelen in deze dranken reageren met uw speeksel en verdrijven het water. Dat vermindert de smeereigenschappen van het speeksel en veroorzaakt de ruwheid. Fenolen kleuren bruin, vooral in de lucht, en daarom zijn veel theesoorten bruin, evenals hout en veel cuticula's. Fenolen zijn ringvormige moleculen van koolstof (C) en waterstof (H) met zuurstof (O). De biologie maakt het met een enzym nog reactiever. Het resulterende molecuul is promiscue en onbestuurbaar, het gaat een verbinding aan

met bijna alles wat een beetje ontvankelijk is voor zijn toenaderingen. Als zijn chemische lusten zijn bevredigd, zijn de waterbindende plaatsen in het materiaal grotendeels gemaskerd. Samen met de waterafstoting van de centrale ring van het fenol droogt daardoor alles uit. De resterende waterbindende plaatsen worden samengebracht en reageren met elkaar, waardoor het materiaal niet alleen betere dwarsverbindingen krijgt, maar ook onoplosbaar wordt omdat het water niet in het netwerk kan binnendringen dat in stand wordt gehouden door deze secundaire samenwerkende banden. Deze chemisch aangestuurde dehydratie kan onder water plaatsvinden en dat verklaart hoe de baard van mosselen, afgescheiden als waterig collageen vezel, sterk en stijf kan worden.

HOUT BEGRIJPEN

Hout is bruin en bevat dus veel fenolen. Lignine is een complex fenolhoudend materiaal dat water op afstand houdt, de cellulosevezels aan elkaar plakt en gaten opvult. Lignine is als een kunststof en wordt bij ongeveer 100 °C zacht; daarom kan verwarmd hout worden gevormd en gebogen. Hout is wel complexer dan een homogene kunststof, want het bevat nanovezels van cellulose, die niet bij zo'n lage temperatuur smelt. Hout is ook complexer dan glasvezel en de materiaalwetenschap kan niet alle eigenschappen voorspellen. Het probleem met veel technische modellen is dat ze niet genoeg details bevatten om de regelmatige structuren die biologische macromoleculen kunnen produceren te evenaren.

De beste manier om dit op te lossen is fysieke modellen te bouwen en te testen. Hout is daar eenvoudig genoeg voor. De cellulose wordt in een hoek van ongeveer 15 graden om de houtcel gewonden. U kunt dit proberen na te doen met een spiraalvormig gewonden papieren rietje. Als er aan de cellen wordt getrokken, gaat de scheur spiraalsgewijs langs de lengte van het rietje en wordt het rietje dunner. Als dat in een verzameling rietjes gebeurt (die veel lijkt op zacht hout), worden ze van elkaar af getrokken; dan ontstaat er een groter breukgebied en is de kans groter dat de scheur wordt geabsorbeerd. Dit mechanisme is in een nieuwe glasvezel-harscomposiet ingebouwd die vijf keer zo taai is als wat dan ook.

FENOLEN BEGRIJPEN

Fenolen zijn gebaseerd op de benzeenring (1, 2). Benzeen vermengt zich niet met water. Als aan een of meer van de waterstofatomen zuurstof wordt toegevoegd, ontstaat een in water oplosbaar fenol (3). Wanneer de OH-groepen zoals afgebeeld aan één kant zitten, is het molecuul instabiel (pijlen) en chemisch reactief. Als de twee H's worden verwijderd, ontstaat de nog instabielere chinon- of quinonvorm (4). Deze is zeer reactief. Als er nog meer stukjes R (bestaand uit C- en H-atomen) worden toegevoegd, worden de moleculen instabieler (5, 6). Als de =O-atomen zich aan andere moleculen binden, daalt de oplosbaarheid verder en drijven de benzeenringen al het water uit. Zo krijg je chemische dehydratie onder water!

H = waterstof   O = zuurstof
C = koolstof   R = koolstof- en waterstofatomen

NIEUWE MATERIALEN EN NATUURLIJK ONTWERP

Keramische materialen I

Sommige delen van dieren of planten moeten sterk en stijf zijn voor bescherming en steun. Dingen als hout of cuticula, gemaakt van eiwitten met dwarsverbindingen en vezels, kosten energie. De componenten moeten uit het voedsel worden gehaald, verteerd en gesynthetiseerd. Krijt en silica zijn stijver en de productie ervan vergt minder energie.

Het meest voorkomende en gemakkelijkst te gebruiken materiaal is kristallijn calciumcarbonaat, maar fosfaten van calcium, vaak magnesium en soms opaal, een hydrateerbare vorm van silica, komen ook voor. De kristallen kunnen uit een voldoende geconcentreerde oplossing neerslaan en weer oplossen. De problemen komen aan het begin en het einde van het proces – hoe laat je het mineraal kristalliseren als dat nodig is en hoe stop je de groei van de kristallen als ze groot genoeg zijn? Het wonder ligt in de mate waarin zulke relatief eenvoudige anorganische materialen zodanig zijn te bewerken dat ze duurzaam, taai en ongelooflijk precies worden gevormd.

TAAIHEID UIT KRIJT
Slakkenhuizen zijn een uitgebreid bestudeerd verkalkingssysteem. Biomineralisatieonderzoeken richten zich op paarlemoer, waarschijnlijk omdat zijn geometrie van lagen van betrekkelijk grote bloedplaatjes – polygonen van ongeveer 8 mm doorsnede en 0,5 mm dik – zo bedrieglijk simpel is. De bloedplaatjes worden gemaakt van aragoniet, een dichte kristalvorm van calciumcarbonaat. Ze zijn onderling verbonden via gaatjes in het eiwitmembraan tussen de lagen. Dit lost elegant het probleem op van hoe elk bloedplaatje als kristal moet beginnen te groeien en hoe de kristallografische en daardoor waarschijnlijk mechanische perfectie van de ene laag naar de andere kan worden verzekerd (het is één groot kristal). De matrix (lijm) tussen de lagen paarlemoer is erg dun (nog geen 5 procent van het totale volume). Als paarlemoer breekt, wordt het membraan in zijdeachtige vezels over de gaten tussen de bloedplaatjes gesponnen en deze kunnen waarschijnlijk hoge belastingen aan. De interesse voor paarlemoer als materiaal vloeit voort

▲ De paarlemoeren schelp van de nautilus is 3000 keer taaier dan het krijt waarvan hij is gemaakt. Zelfs als hij breekt, worden de lagen van de schelp bijeengehouden door zijdeachtige draden van nog geen micrometer (een miljoenste meter) lang.

KERAMISCHE MATERIALEN I

▶ Zee-egels zijn gemaakt van krijt, maar kunnen de zwaarste stormen op een koraalrif doorstaan. Hun zelfslijpende tanden zijn opgebouwd uit enkele van de hardste materialen in de natuur (zie onder).

uit het feit dat het een eenvoudige structuur heeft, maar ongeveer 3000 keer zo taai is als het aragoniet waarvan het is gemaakt. De redenen daarvoor zijn niet duidelijk. Het is ten dele omdat een breuk altijd wordt verlegd als hij van de ene laag naar de andere gaat, maar het toenemende oppervlaktegebied (waar de breukenergie in de gebruikelijke visie op een breuk heen gaat) kan die toename van taaiheid niet verklaren. Als het paarlemoer wordt gedroogd en het matrixmateriaal dus niet de breuken verlegt waardoor de zijden vezels niet worden gesponnen, halveert dat de taaiheid. Als we een materiaal als paarlemoer konden maken, zou het minstens 100 keer zo taai zijn als enig keramisch materiaal dat nu te krijgen is, en zou het een tiende van de op olie gebaseerde kunststoffen gebruiken die nu voor taaie materialen nodig zijn. Waarschijnlijk zit de chemie er helemaal naast en moeten we niet op olie gebaseerde kunststof mengen met op water gebaseerd kristalmateriaal, maar een op water gebaseerde kunststof gebruiken en het water in het productieproces opnemen.

De zelfslijpende tanden van zee-egels, enkele van de hardste materialen in de natuur, zijn gemaakt van platen en vezels van magnesiumcarbonaat (dolomiet) in een matrix van calciumcarbonaat (calciet). Ze tonen ons dat in de natuur een structuur goedkoper is dan het materiaal, in tegenstelling tot technologie, waarin materiaal goedkoper is dan structuur.

▶ De tanden van zee-egels bestaan uit lagen zachte (calciet) en harde (dolomiet) materialen, die in verschillende mate slijten waardoor het snijvlak altijd een scherpe en harde rand heeft.

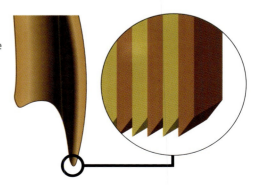

NIEUWE MATERIALEN EN NATUURLIJK ONTWERP

Keramische materialen II

Bot is een keramische composiet die in verschillende vormen het lichaam steunt en beschermt, beweging mogelijk maakt, rode en witte bloedcellen produceert, mineralen opslaat en geweien maakt. Bot is hard, sterk, stijf en taai en kan zich aan belasting aanpassen. Tanden worden van hetzelfde materiaal gemaakt.

Ongeveer een derde van bot bestaat uit collageenvezels, waarin bloedplaatjes van hydroxyapatiet (een waterhoudende vorm van calciumfosfaat) zijn opgeslagen; deze maken 50 procent uit. De composiet van collageenapatietvezel is ongeveer 50 nanometer in doorsnede. De rest van het bot bestaat uit bindweefsel en cellen. De opbouw van bot is moeilijk te bestuderen omdat het zo dicht is. We kunnen de bloedplaatjes zien door naar een groeigebied te kijken waar de mineralisatie net begint, of door kleine hoekjes af te breken zodat de randen heel dun zijn en slechts een of twee lagen bloedplaatjes tellen. De bloedplaatjes liggen met hun kristallijne c-as langs de collageenvezels, maar ook gedraaid langs de vezels. In nat geweibot dat is afgebroken zijn collagene vezels te zien van

▼ Hertengewei bestaat uit speciaal, zeer taai bot, terwijl de nekspieren van bronstige mannetjes de krachten van een gevecht absorberen. De primaire botvezels zijn onder een elektronenmicroscoop te zien (inzet).

▶ Het is moeilijker in een ei te komen dan eruit – dat is maar goed ook voor de kip!

ongeveer 200 nanometer doorsnede. Hoewel de vezel van collageenmineraalcomposiet de basis van botstructuur lijkt te zijn, kunnen we niets definitiefs over de grootte zeggen. De zelfassemblage van het collageen en zijn vorm kunnen worden beïnvloed door specifieke reacties met verwante eiwitpolysacharide hybriden. Het verschil in vezelgrootte hoeft niet in het collageen te zitten.

Omdat bot uit vezels bestaat, is de structuur gewoonlijk sterk georiënteerd. Dit zou een nadeel kunnen zijn omdat het onwaarschijnlijk is dat alle dagelijks uitgeoefende krachten keurig langs de vezels zullen zijn gericht. Een verscheidenheid aan structuren kan dit effect verhelpen – de collageenvezels kunnen worden geweven, in platte lagen gevormd, concentrisch gerangschikt of in mengsels van deze vormen voorkomen.

ONBREEKBAAR BOT

De taaiheid van geweibot is goed onderzocht en houdt verband met de betrekkelijk lage graad van mineralisatie (63 procent), die leidt tot een betrekkelijk geringe stijfheid van ongeveer 10 GPa. Vogelbot bevat meer mineralen (70 procent) en dus een hogere stijfheid van 25 GPa. Vogelbot vormt een klassiek probleem in optimalisatie – hoe kun je een bot maken dat licht en stijf is bij het vliegen maar niet breekt als de vogel tegen een obstakel vliegt. Emma-Jane O'Leary, van Reading University (GB), onderzocht taai makende mechanismen in kippenbot als onderdeel van een studie naar botbreuk bij eiproducerende vogels. Ze suggereerde dat de buigzame eigenschappen van bot te maximaliseren zijn door middel van lagen met een lage mineralisatie die als delaminatielijnen werken. Dit is een voorbeeld van het mechanisme dat is voorgesteld voor de ontwikkeling van vliegtuigstructuren. De mate van mineralisatie wijst erop dat het taai makende mechanisme structureel moet zijn. Dit past bij het concept van microbreuken. Microbreuken kunnen slechts 5 mm lang zijn en ze kunnen grote hoeveelheden breukenergie absorberen. Ze accumuleren zonder de sterkte van het bot te verlagen, maar het bot wordt buigzamer. Hun formatie maakt bot taai omdat het verder kan vervormen onder een gegeven kracht (in broos bot zijn er minder van). Het probleem bij botopbouw is niet zozeer hoe de breuk begint, maar hoe hij moet worden gestopt. De breuken moeten spanningsenergie absorberen, maar het moeten geen grotere breuken worden waardoor het bot uit elkaar zou vallen. Het stoppen van de breuk is dus een belangrijk onderdeel van het mechanisme. Microbreuken worden geassocieerd met klikken of akoestische gebeurtenissen die de basis van een experimentele monitortechniek vormen om inzicht in dit proces te krijgen. Het aantal akoestische gebeurtenissen neemt toe naarmate het bot buigzamer wordt, dus zijn deze twee effecten nauw met elkaar verbonden. Geweibot kan de microbreuken meer verspreid en gescheiden houden en de macrobreuken zijn bochtig, wat leidt tot extra sterkte en het vermogen breuken te weerstaan. Dat is in de bronsttijd natuurlijk nodig.

NIEUWE MATERIALEN EN NATUURLIJK ONTWERP

Recycling en hiërarchie

Het materiaal van kunststof flessen is opnieuw te gebruiken om dingen te maken als mijn trui. Maar wat dan? De Franse filosoof René Descartes (1596-1650) heeft gezegd: 'Ik denk, dus ik ben.' Ik zeg: 'Ik verrot, dus ik was... en zal zijn!' Biologie is de beste hergebruiker en we kunnen er veel van kopiëren en leren.

Het is soms mogelijk de biologische route naar recycling te gebruiken. Dat is een voordeel van het gebruik van biologische materialen (of hun verwanten) in technische processen, omdat de problemen van de chemie al door de natuur zijn opgelost. In het in 2002 in Groot-Brittannië opgezette 'Cardboard to Caviar'-project (bekend als het ABLE-project) wordt karton bij bedrijven opgehaald en vermalen tot onderlaag voor dieren, waar het met mest en haren wordt vermengd. Wormen in compostlagen breken dit mengsel af. Steuren in vistanks eten de overtollige wormen uit de compostlagen. Dan worden de vissen als voedsel verkocht en een deel wordt gekweekt voor de productie van kaviaar. Hoe meer niveaus er in de keten zitten, des te meer mensen gebruik kunnen maken van de ingebedde energie en des te groter de waargenomen waarde.

Helaas worden de normale biologische processen slechts heel weinig op een constructieve manier gebruikt bij de recycling van materialen, voornamelijk omdat onze materialen biologisch inert worden gemaakt door de introductie van hoogenergetische verbindingen (waarvoor hoge temperaturen nodig zijn). Biologische materialen zijn ontwikkeld om gerecycled te worden en hun moleculen worden gestabiliseerd door verbindingen die net sterk genoeg zijn voor de verwachte temperaturen en mechanische functie. Daarom beginnen de eiwitten van de meeste dieren

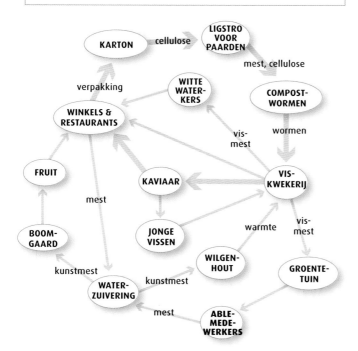

◀ Recycling kan in ieders voordeel zijn. Uit onderzoek naar biologische recycling blijkt dat mest de wereld gaande houdt, niet liefde! Deze illustratie toont hoe de recycling van karton diverse stadia doorloopt voordat het bijdraagt aan de productie van kaviaar.

◀ Pluimen van hete sulfide stromen uit een mid-oceanische krater.

tekenen van afbraak te vertonen bij 45 °C. Alleen de dieren die in en om de mid-oceanische vulkaankraters leven, kunnen temperaturen van honderden graden Celsius verdragen. Dit betekent dat er minder energie nodig is om bij de spijsvertering de materialen af te breken en dat er meer energie beschikbaar is voor andere processen (in de meeste organismen zijn dat hoofdzakelijk eten en voortplanting).

HIËRARCHIE VAN MATERIALEN EN STRUCTUREN

Biologische materialen (en structuren) zijn hiërarchisch, in die zin dat ze zichzelf opbouwen vanaf het moleculaire niveau, wat een basisresultaat is van de ontwikkelingswegen van biologische systemen. In een biologisch systeem zijn alleen intermoleculaire krachten werkzaam. Vergeleken bij de krachten die in de verwerking van technische materialen worden gebruikt, zijn ze erg zwak en beperkt.

▶ Het materiaal in (A) wordt horizontaal uitgerekt met een breuk van onderaf naar een lijn van zwakker materiaal. Als de breuk de zwakkere laag nadert, ontstaat er een breuk boven (B), die de hoofdbreuk tegenhoudt (C).

De algemene vraag van de ingenieur, 'Wat is de rol van een structurele hiërarchie?', is slecht geformuleerd en irrelevant. Hiërarchie speelt geen rol, maar is de enige manier waarop biologische organismen grotere structuren kunnen maken, en is daarom intrinsiek. Gepastere vragen zouden zijn 'Wat zijn de opbouwmechanismen op de diverse hiërarchische niveaus in de productie van een biologische structuur?' en 'Welk selectievoordeel bieden deze mechanismen het organisme?'

Hiërarchische bouw heeft verregaande gevolgen voor de eigenschappen van biologische materialen en structuren. Stijfheid is betrekkelijk onafhankelijk van de grootte van de componenten en berust meer op de relatieve hoeveelheden van de componenten zoals vezels en keramische kristallen en hun interacties. Weerstand tegen breuk, vooral in een stijf materiaal, is sterk afhankelijk van grootte en vorm, en dan worden de omvangsrelaties en grensvlakken van hiërarchische bouw significant. Gebieden of lagen die zachter zijn dan de rest, kunnen de breukeigenschappen aanzienlijk beïnvloeden door breuken te stoppen of te verleggen. Om dit mechanisme te begrijpen moeten we weten dat voorafgaand aan elke breuk een kleine kracht in rechte hoeken op de hoofdkracht de breuk opent. Dus als er een zwakke plek voor de breuk is, zal deze opengaan en de hoofdbreuk zal erin lopen. Het scherpe eind van de breuk zal stomp worden en de brekende krachten zullen zich verspreiden en onschadelijk worden. Biologische materialen zijn daar veel beter in.

HOE EEN BARST IN MATERIAAL TE STOPPEN

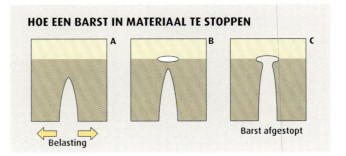

NIEUWE MATERIALEN EN NATUURLIJK ONTWERP

Hiërarchie in kleine dingen

Een typische beginnende barst in keramisch of kristallijn materiaal is 10-30 nanometer lang. Als de versterkende deeltjes in een biologische keramische composiet kleiner dan dat zijn, zullen ze vrij van barsten zijn en zullen ze niet broos zijn.

Het grootste probleem voor een ingenieur is waarschijnlijk een breuk. Alle breuken beginnen vanuit kleine scheurtjes in het materiaal; in broos materiaal kunnen de scheurtjes heel klein zijn. De broze hydroxyapatiet bloedplaatjes die bot stijf maken, zijn nog kleiner – een paar nanometer dik – zodat ze bij normale belasting niet gauw zullen scheuren.

Een scheur moet een paar micrometer lang zijn voordat er een breuk ontstaat die door het bot gaat. Dat is veel groter dan de collageenapatietvezels van bot; in feite groter dan de lagen bot die de vezels vormen en het volgende niveau van de structuur uitmaken. Weerstand tegen breuk wordt dus op een ander niveau bepaald dan buigzaamheid (stijfheid), zodat beide binnen het materiaal apart worden geregeld. Dat is in de meeste kunstmatige materialen

▼ Het bot van een gewei (rechtsonder) bestaat duidelijk uit vezels (collageen plus mineraal), terwijl in het bot van een koe (linksonder) de vezels aan elkaar vastzitten met extra mineralen die de raakvlakken aan elkaar vastmaken zodat een breuk erdoorheen gaat.

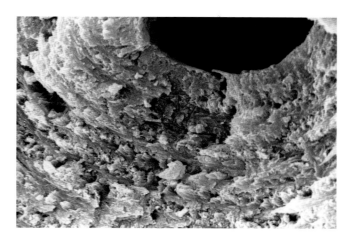
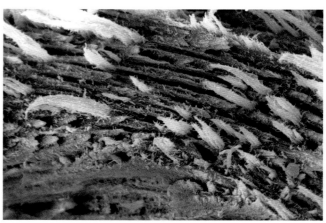

▶ Hiërarchie van bot. (A) collageen met apatietkristallen. Dit kan willekeurig gerangschikt geweven bot (B) maken of georiënteerde lagen van lamellair bot (C). Deze komen voor in geweven bot (D), primair lamellair bot (E), secundair laminair bot (F) en laminair bot (G). De zwarte stippen zijn secties door bloedvaten. Deze typen worden verder gemengd tot verschillende soorten compact of solide bot (H) en trabeculair bot (I), dat de ruimte tussen de grote botten vult.

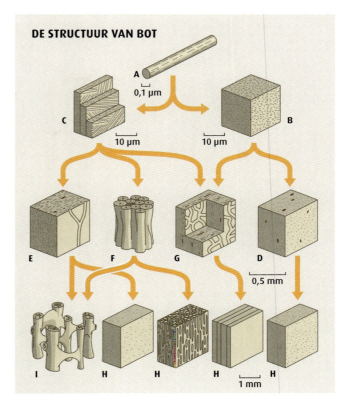

onmogelijk, zoals metalen, die een uniforme structuur hebben, op een nanometer- tot centimeterschaal, en hardheid aan taaiheid opofferen of andersom.

Een materiaal als bot kan allerlei eigenschappen hebben, afhankelijk van de relatieve verhoudingen van het collageen (dat water bevat) en hydroxyapatiet, en de aard van de grensvlakken tussen de hiërarchische niveaus. Runderbot heeft bijvoorbeeld een hoog gehalte aan hydroxyapatiet; de vezels worden met andere calciumzouten aan elkaar gelijmd. Geweibot heeft minder hydroxyapatiet, de vezels worden niet met andere calciumzouten aan elkaar gelijmd en dus breekt het op een andere manier. Het breukvlak van het bot van een runderpoot weerspiegelt weinig van de onderliggende structuur omdat de breuk recht door het materiaal gaat; het breukvlak van geweibot (een veel taaier materiaal) toont de afzonderlijke collageenapatietvezels die de voornaamste composietvezel van elk bot zijn. Het grensvlak op dit hiërarchische niveau is in geweibot zachter dan in bot van een runderpoot en stopt de breuken als ze in het zachtere materiaal komen. De aard van de schade in bot is dus ook hiërarchisch, wat betekent dat biologische keramische materialen bijna net zo sterk kunnen zijn als technische keramische materialen, maar duurzamer.

DEELTJESGROOTTE EN HOOGWAARDIGE MATERIALEN

Zouden we stijvere en duurzamere composietmaterialen kunnen produceren door de grootte van de stijfmakende deeltjes te regelen? Het idee dat nanodeeltjes hoogwaardige bionische materialen kunnen vormen is wel bekend, maar in de praktijk wordt het weinig ontwikkeld. In feite zitten in slechts weinig materialen nanodeeltjes. De deeltjes zijn meestal honderden nanometer in elke dimensie; maar als de stijfmakende deeltjes keramisch zijn, moeten ze afmetingen hebben van hooguit tientallen nanometer als ze niet mogen breken. De deeltjes in kunstmatige keramische composieten zijn bovendien niet georiënteerd zoals in bot, en bot bevat tien keer zoveel keramiek als we in een composiet kunnen krijgen. Het belangrijkste is wel dat de voordelen van hiërarchie – grotere veelzijdigheid in productie en eigenschappen – niet worden gerealiseerd.

Veel nanotechnologie berust op zelfassemblage, maar zelfassemblage is alleen beschikbaar op het allerlaagste niveau – dat van afzonderlijke moleculen of verzamelingen moleculen. Boven die grootte zijn er constructietechnieken zoals elektrospinning en de vele vezelmanipulerende technieken die in de papier- en textielindustrie zijn ontwikkeld. Deze technieken maken de productie mogelijk van texturen zoals vilt en touw, met volledige beheersing van eigenschappen inzake grensvlakken als in biologische materialen. Het beheersen van breuk en de ontwikkeling van stijfheid en duurzaamheid houden daar gelijke tred mee.

NIEUWE MATERIALEN EN NATUURLIJK ONTWERP

Hiërarchie in grotere dingen

Uit onderzoek van biologische materialen blijkt dat de introductie van heterogeniteit en grensvlakken op de juiste niveaus van grootte de duurzaamheid kunnen verbeteren, zonder de belastbaarheid al te veel aan te tasten. Het enige wat we hoeven te doen, is misschien heterogeniteit in een aantal schaalgrootten te introduceren.

Een van de doelen van materiaalbewerking in technologie is de productie van een uniform materiaal, met de veronderstelling dat de eigenschappen dan voorspelbaar zullen zijn. IJzer is echter een veelzijdig materiaal juist omdat het heterogeen kan zijn (denk aan de verschillende soorten staal, elk met bijzondere eigenschappen),
met lagen die door het smeedwerk worden geproduceerd en atomen van andere elementen die tussen de kristallen worden gemengd, wat tot belangrijke verschillen en verbeteringen in mechanische prestaties leidt.

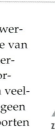

▲ De hoofdcellen in dennenhout zijn ongeveer 20 μm in doorsnede en kunnen 1 mm of langer zijn.

HIËRARCHIE VOOR KRACHT

Hiërarchie is ook zichtbaar in grotere organische structuren. In hout bijvoorbeeld zijn de vaten die water door de stam van een breedbladige boom vervoeren, veel groter in doorsnede (500 μm) dan de meeste houtcellen (50 μm). Als het hout dwars op de nerf wordt samengedrukt, zakken deze grote vaten in elkaar en de omringende cellen daardoor ook. Afhankelijk van de verspreiding van de vaten kan het hout broos zijn (bijvoorbeeld eiken, waarin de vaten in één laag in het hout liggen – 'ringporeus' – zodat de instorting in een

▼ Hiërarchie van collageen, van molecuul tot pees.

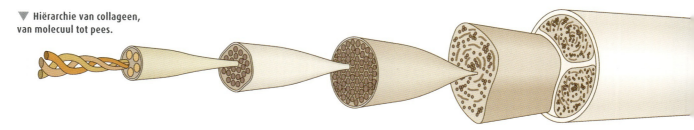

▲ STRUCTURELE DIAMETER 1,5 nm

▲ STRUCTURELE DIAMETER 3,5 nm

▲ STRUCTURELE DIAMETER 10-20 nm

▲ STRUCTURELE DIAMETER 50-500 nm

▲ STRUCTURELE DIAMETER 50-300 μm

▲ STRUCTURELE DIAMETER 100-500 μm

HIËRARCHIE IN GROTERE DINGEN

Je kunt geen breuk door een grasspriet voortzetten – daarom legt een grazende koe haar tong om een bosje heen en trekt eraan.

HIËRARCHIE VOOR AANPASSINGSVERMOGEN

Hiërarchie is een direct resultaat van zelfassemblage in biologie, die wordt aangestuurd door informatie van moleculaire ordening. De veelzijdigheid van een materiaal wordt verrijkt door meer structurering op elk hiërarchisch niveau, zodat het aanpassingsvermogen toeneemt met het aantal niveaus. Er is met bionica zelfs meer aanpassingsvermogen beschikbaar. Biologie is energiezuinig en gebruikt een beperkt aantal chemicaliën, maar we kunnen dat aantal uitbreiden en er voordeel van hebben. Er zijn bijvoorbeeld veel meer aminozuren beschikbaar dan de pakweg twintig in biologie, we kunnen dus een groter aantal eiwitten produceren met behoud van de voordelen van biologische systemen. We kunnen zelfs met externe energiebronnen temperaturen en reactiesnelheden regelen; we kunnen met machines moleculen tot vezels en complexe vormen ordenen en materialen zonder afval produceren.

klein gebied plaatsvindt) of taai (bijvoorbeeld hickory of beuken, waarin de vaten gelijkmatig door het hout zijn verspreid – 'diffuus poreus' – en dus de instorting over veel meer cellen verspreiden). De aanwezigheid van deze grote vaten versterkt ook de overlangse eigenschappen van het hout. Professor Roderic Lakes van de University of Wisconsin heeft een hiërarchische honingraat gemaakt door niet-uitgezette kleine cellagen van honingraat op te stapelen met brede stroken lijm ertussen, zodat ze bij uitzetting cellen werden waarvan de wanden waren gemaakt van grote cellen met kleine cellen in hun eigen wand. Deze structuur lijkt veel op een stuk hardhout. Hij ontdekte dat de samendrukkende kracht van de hiërarchische honingraat ongeveer 3,5 keer groter was dan die van de oorspronkelijke honingraat.

Een voorbeeld van hiërarchie in technische materialen/structuren is touw, dat uit stroken gedraaide polymere of metalen vezels bestaat die tegen elkaar worden gelegd in steeds complexere eenheden. Touwen zijn zeer taai, gedeeltelijk omdat de vezels gescheiden worden gehouden en een breuk moeilijk door de structuur kan gaan. Biologische equivalenten van touw, waarin de vezels gescheiden zijn, treffen we aan in lianen en grassen. Gras is zo moeilijk te breken dat grote dieren zoals runderen met hun tong een bundeltje omvatten en eraan trekken. Insecten hebben schaarachtige monddelen om de vezels door te snijden.

Vezels worden om elkaar gedraaid tot grotere vezels, die op hun beurt tot grotere vezels worden gedraaid en... ten slotte dik touw vormen.

NIEUWE MATERIALEN EN NATUURLIJK ONTWERP

Hoe zijn kleine structuren te maken?

Om micro-elektronische apparaten te bouwen wordt eerst een laag materiaal geplaatst. Op deze laag wordt vervolgens een beeld of patroon van resistent materiaal aangebracht. De onbedekte gebieden worden opgelost of in het oppervlak geëtst. Dit proces wordt een paar keer herhaald om zeer verfijnde structuren te maken.

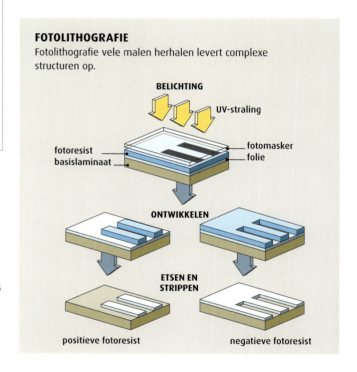

FOTOLITHOGRAFIE
Fotolithografie vele malen herhalen levert complexe structuren op.

Deze technologie is wel heel indrukwekkend, maar ze wordt overschaduwd door de productie van vormen in natuurlijke materialen die zich op moleculair niveau afspeelt, met gereguleerde hechting en mechanische krachten die door omringende cellen worden ontwikkeld. Dit is minstens twee orden van grootte kleiner dan de huidige technologie vermag. Een van de intrigerendste vormen is de vertakte structuur van de 'hechtende' haartjes op de voet van de gekko. Ze zijn veel fijner dan alles wat met etstechnieken wordt geproduceerd, en ze hebben op de uiterste punten nanometrische afmetingen. Gedetailleerd onderzoek naar de vorming van deze haartjes zou buitengewoon nuttig kunnen blijken. De verbazingwekkende hechteigenschappen van de voet van de gekko zijn in hoofdstuk 1 besproken.

VAN ONDERAF IS BETER!

Soortgelijke structuren zijn te produceren met druppeltjes vloeistof die door een andere vloeistof van lagere viscositeit vallen, een proces waarmee op de punt haartjes van moleculaire afmetingen zijn te produceren, en veel sneller en goedkoper. Er zijn veel mogelijkheden voor een vrijere benadering van materiaalverwerking met fysische processen op basis van interacties tussen oppervlakken en oppervlakte-energie. In de zich ontwikkelende pees van een kippenembryo van veertien dagen oud worden minstens drie soorten compartimenten op de buitenkant

▶ Organismen zoals dit kippenembryo groeien door zelfassemblage met intermoleculaire krachten in kleine formaten en met vormende uitwendige krachten zoals zwaartekracht in grotere formaten.

van de cellen gevormd door plooiing van het celmembraan. Het eerste bestaat uit een reeks nauwe kanalen, ongeveer 150 nm in doorsnee, die diep in het cellichaam ontstaan en hooguit twee of drie fibrillen bevatten. Deze kanalen versmelten lateraal met elkaar tot het tweede soort compartiment, 2-3 µm in doorsnee en gedefinieerd door enkele aangrenzende fibroblasten, waarin de fibrillen tot vezelbundels versmelten. Het derde soort compartiment is nog groter, het wordt gevormd door twee of drie aangrenzende fibroblasten, waarin de vezelbundels meer op pezen beginnen te lijken. Deze vorming van compartimenten lijkt een algemeen verschijnsel te zijn dat in verschillende weefsels optreedt om de assemblage van collageenweefsels te reguleren. Afhankelijk van het soort pees gaat laterale fusie van fibrillaire elementen na de geboorte door als een functie van de algemene groei en rijping van het dier. Dit systeem zou in een productielijn zijn om te zetten zoals wordt gebruikt voor het spinnen van garen, te beginnen met een vezel die in fasen wordt opgebouwd door specifieke processen.

Een ander voorbeeld van geassisteerde zelfassemblage is de productie van de eiwitdraden die mosselen aan rotsen verankeren (zie blz. 136), waarbij een reeks eiwittypen in een groef in de 'voet' van de mossel wordt afgescheiden. Deze zachte vorm zorgt voor de oriëntering van de vezelachtige eiwitten in de lengterichting van de draad en helpt bij de zelfassemblage. De pop doet hetzelfde voor de vlinder die zich erin ontwikkelt. De vormen van de poten, vleugels en andere structuren zijn aan de buitenkant van de pop te zien en geven rechtstreeks vorm aan het zich ontwikkelende insect. Zulke zachte methoden, die omgevingen creëren voor de opbouw van moleculen, vereenvoudigen en versnellen de productie van materialen aan het kleine eind van een hiërarchische reeks. Dit zou het zwijgen moeten opleggen aan de critici die zeggen dat biologie te langzaam werkt om industrieel nuttig te zijn.

◀ De voetzool van de gekko is bedekt met vertakte 'haartjes', een paar nanometer aan de punt met platte uiteinden, die zich aan een oppervlak kunnen vasthechten.

NIEUWE MATERIALEN EN NATUURLIJK ONTWERP
Bionische huiden

Bionische huiden zijn zacht. Membranen voor medisch gebruik ('steigers') hebben een open textuur en steunen een waterhoudende gel die weer cellen steunt die een goede huid kunnen vormen. De andere interesse betreft oppervlaktestructuren die gemodelleerd zijn naar blad- en insectoppervlakken die ademende zelfreinigende materialen produceren.

Bionische huiden hebben niet veel aandacht gekregen, maar bionische oppervlakken zijn heel belangrijk geworden en vormen een interessant voorbeeld van de manier waarop bionica op dit moment werkt. Een voorbeeld is superhydrofobiciteit en de ontwikkeling van zelfreinigende oppervlakken op basis van het 'lotuseffect' dat te zien is wanneer waterdruppels op lotusbladeren worden gevormd. Het concept is een product van twee effecten: een hydrofoob oppervlak, gecreëerd door een laag koolwaterstoffen,

◀ De schaatsenrijder heeft een waterafstotend plastron van korte haren op zijn poten en kan daarom door oppervlaktespanning worden gesteund.

gewoonlijk kristallijn, en een oppervlaktestructuur van bobbels met een tussenruimte van ongeveer 10 μm.

Het insectenplastron, een laag lucht die door 'haartjes' van een paar micrometer lang met een dichtheid van 10^7 of meer per cm^2 wordt vastgehouden, valt in dezelfde algemene categorie van sterk gestructureerde oppervlakken. Het plastron is een goed onderzocht systeem om water af te stoten. De dunne luchtlaag zorgt aan het uiteinde van de haartjes voor een grensvlak tussen lucht en water waarmee gassen kunnen worden uitgewisseld, zodat het dier een soort kieuw heeft waarmee het onder water kan ademen. Dit is niet alleen een algemene aanpassing van insecten die in, op en om water leven, maar ook een techniek om de huid van het dier droog te houden en tegen kou te isoleren.

Een Brits bedrijf voor sportkleding, Finisterre, heeft textiel ontwikkeld dat op fluweel lijkt en een ademend, warm en waterdicht materiaal voor surfers is. De uitvinder van het textiel, Tom Podkolinski, besefte niet dat hij het plastron opnieuw uitvond, hoewel hij zijn eerste concepten baseerde op de waterdichte pels van zeehonden en otters. Een andere technische versie van hetzelfde concept wordt afgeleid van het oppervlak van zeer waterafstotend schuim dat dit mechanisme nabootst en directe onttrekking van zuurstof uit belucht water mogelijk maakt. Waterafstotende oppervlakken worden ook ontwikkeld voor apparaten die over water kunnen lopen; daarbij worden ontwerpideeën ontleend aan *Gerris* spp., de schaatsenrijder (zie boven, hiernaast). In hoofdstuk 1 vindt u meer over dit soort robotontwerpen.

◀ Microscopisch beeld van het oppervlak van een lotusblad. De wasachtige bobbels, onzichtbaar voor het blote oog, zijn bedekt met kleine waskristallen die voorkomen dat deeltjes aan het oppervlak kleven.

◀ De lotusplant (*Nelumbo nucifera*) groeit in moerassig water, maar komt smetteloos uit de donkere diepten van het moeras naar boven. De regen spoelt het oppervlak van de plant schoon.

HET LOTUSEFFECT BEGRIJPEN

Normaal effect

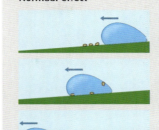

Een waterdruppel valt op een glad oppervlak en vormt een halve bol met weinig impuls.

De druppel glijdt over kleine vuildeeltjes, maar kan ze niet oppakken.

Het water gaat verder, maar de vuildeeltjes blijven achter. Het opdrogende oppervlak blijft dus vuil.

Lotuseffect

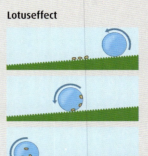

Op een ruw oppervlak blijft de druppel bijna rond omdat hij niet kan inzakken.

Hij rolt snel naar beneden en pikt vuildeeltjes op.

De druppel rolt eraf, neemt de vuildeeltjes mee en laat het oppervlak schoon achter.

Vuildeeltjes kleven niet aan een oppervlak dat geschilderd is met StoLotusan® (boven), een waterafstotende afdeklaag, zodat de regen de muren schoon spoelt.

NIEUWE MATERIALEN EN NATUURLIJK ONTWERP

Toegepaste bionica

Bionica heeft beperkte navolging in technologie gekregen. De grote interessegebieden zijn robotica (onder andere sensoren, actuatoren en voortbeweging), kleur (voornamelijk fysieke kleur, alsmede fotonica), materialen (voornamelijk keramische materialen en vezels) en materiaaloppervlakken (waaronder textiel).

Biologie is altijd een bron van inspiratie geweest voor architecten en kunstenaars. Het ontwerp van hiërarchische structuren begon met de Eiffeltoren (bedoeld om twintig jaar te blijven staan, maar hij staat al ruim zes keer zo lang). Het bereikte in het succesvolle R100 luchtschip een hoogtepunt, maar is nauwelijks onderzocht. De Eiffeltoren is als structuur in termen van kracht en in economisch

▶ Het innovatieve luchtschip R100 was een hiërarchische structuur en dus heel licht en sterk.

gebruik van materialen tien keer zo efficiënt als het Centre Pompidou, met als consequentie dat een gebouw met een tiende van het structurele materiaal kan worden gebouwd als het volgens de principes van hiërarchie wordt ontworpen. Zo'n gebouw zou niet alleen minder bouwmateriaal vergen, maar ook minder robuuste funderingen nodig hebben, en het zou goedkoper zijn om het te bouwen, al zou het ontwerp wel duurder zijn. De twee structuren zijn echter voor verschillende doelen ontworpen en daarom moet de extrapolatie van deze benadering in het algemeen in de context worden gezien.

De auto-industrie gebruikt meer biologische materialen, zoals plantenvezels. Voor delen van de veelbesproken koffervis-conceptauto, een ontwerpstudie van Daimler-Chrysler, werd een ontwerpmiddel dat mechanische spanningen vermindert gebruikt dat ontwikkeld was door Claus Mattheck. Hij bestudeerde de groei van bomen om inzicht te krijgen in de manier waarop de natuur zou omgaan met het probleem van kracht versus gewicht. De resulterende gewichtsbesparing was in de orde van 40 procent, maar de autofabrikanten schoven het ontwerp terzijde met als reden dat de fabricage te tijdrovend zou zijn. Het belangrijkste historische gebied van biologische invloed op technologie is vliegen. Over het algemeen heeft de bionica, als directe ontwerptool of als abstractie, maar weinig invloed op technologie gekregen.

HET BIONISCHE PARADIGMA

Er is één factor in de relatie tussen biologie en technologie die we niet hebben genoemd. Er worden nooit vragen gesteld over de compleetheid of kwaliteit van technologie. Dat wil niet zeggen dat technologie niet voortdurend verbeterd wordt, maar er is een stilzwijgende vooronderstelling dat technologie en de manier waarop we dingen construeren gewoon goed zijn. De huidige milieuproblemen schreeuwen tegen ons dat dit een onhoudbare aanname is. In de bionica worden nu mechanismen en structuren uit biologie in het huidige technische paradigma opgenomen. Is dat het beste wat we kunnen? Natuurlijk kunnen we onmogelijk technologie van binnenuit ondervragen. Moeten we niet onderzoeken hoe biologie functies in het leven roept (dezelfde functies die de techniek levert) en zien of het op een betere manier te doen is? Zou dat niet het grote voordeel kunnen zijn dat bionica te bieden heeft? We moeten technologie en biologie systematiseren.

▲ Het dak van de Sagrada Família (ontworpen door Antoni Gaudí, maar nu pas in opbouw) is een motief van bladeren die op stelen rusten.

◀ Het designconcept van Daimler-Chrysler, de koffervis; gestroomlijnd als een vis, met een chassis als een boom.

NIEUWE MATERIALEN EN NATUURLIJK ONTWERP
Technologieoverdracht

De overdracht van een concept of mechanisme van levende op niet-levende systemen is niet eenvoudig. Er zijn op dit moment drie niveaus voor overdracht: rechtstreeks kopiëren; ideeën door middel van woordketens met elkaar verbinden; en functies begrijpen met standaardmethoden voor het oplossen van problemen.

De eerste en meest gebruikte route is een eenvoudige en directe replica van het biologische prototype. De technische abstractie is alleen mogelijk omdat een bioloog op een interessant of ongebruikelijk verschijnsel heeft gewezen en de algemene principes ervan heeft onthuld (bijvoorbeeld het zelfreinigende lotuseffect). Alleen dan komt het biologische principe buiten de biologie beschikbaar voor biomimetisch gebruik. Het resultaat is vaak onverwachts (bijvoorbeeld waterdichte ademende kleding). Het voordeel van deze benadering is dat de biologie al veel voor het prototype heeft gedaan; het nadeel is dat elk voorbeeld op een originele manier moet worden benaderd en dat het erg moeilijk is concepten van het ene project op het andere over te dragen. Het resultaat kan wel nieuw zijn, maar er was wel input uit natuurkunde en techniek nodig om de betekenis van de functie van het biologische prototype te begrijpen. Daarom komt er waarschijnlijk weinig origineel denken aan te pas. De belangrijkste manier waarop een nieuw biologisch mechanisme kan worden geïdentificeerd, is dat het wordt geobserveerd en geanalyseerd in een inert systeem dat eenvoudiger is dan het biologische. Je kunt alleen zien wat je weet en verwacht. Waarschijnlijk zijn de belangrijkste en nuttigste ideeën uit de bionica het moeilijkst te identificeren omdat ze weinig of geen parallellen in de technische wereld hebben. Een voorbeeld daarvan is breuk. Slechts weinig mensen beseffen hoe belangrijk de mechanismen voor breukweerstand van biologische materialen waren omdat ze zelden breken. Ik weet uit eigen ervaring dat het daarom voor een bioloog erg moeilijk is te onderkennen dat breuk een belangrijk onderwerp is.

BIOLOGISCHE SLEUTELBEGRIPPEN
De tweede route voor overdracht is abstracter (en dus algemener te gebruiken). Hij is gebaseerd op woordenschat en betekenis. Lily Shu, een ontwerpingenieur aan de University of Toronto (Canada), heeft analogieën in kaart gebracht door natuurlijke taal te analyseren. Ze identificeerde biologische sleutelbegrippen die werden ingegeven door het probleem dat in de techniek moest worden opgelost en ordende ze. Ze heeft dat gedaan voor de technische functies van reiniging, inkapseling en microassemblage. Haar onderzoek begint met een digitale versie van biologie die ze uit studieboeken en onderzoeksverslagen heeft verzameld. De sleutelbegrippen zijn specifiek werkwoorden omdat ze functionaliteit impliceren; het beginpunt in techniek wordt afgeleid van de lijst met functies die moeten worden opgeleverd. De problemen rijzen als de technische woorden worden vergeleken met die in biologie. Shu gebruikt het voorbeeld van reiniging in techniek, die nauwelijks een equivalent in biologie heeft.

HARDNEKKIGE DWAZE VERHALEN EN MISVERSTANDEN

De haren van de vacht van een ijsbeer zouden als lichtgeleiders dienen en warmte naar het huidoppervlak brengen. Uit experimenten blijkt dat onmogelijk omdat de haren helemaal geen licht overbrengen.

De bladeren van *Victoria amazonica* zouden voor Joseph Paxton (1803-1865) de inspiratiebron zijn van het kassendak en het dak van het Crystal Palace in Londen, maar de geometrie en structurele principes van de onderkant van het blad (zie foto) en die van de daken zijn totaal verschillend.

De Eiffeltoren is niet ontworpen volgens de structuur van het dijbeen van de mens of van een tulpsteel; het was een van de eerste gebouwen waarbij rekening werd gehouden met de effecten van windkracht, zodat buigkrachten worden verminderd en gelijkmatig naar de funderingen worden afgeleid.

De vraag 'Wat is de functie van reiniging?' leidt echter tot het antwoord 'Om besmetting te bestrijden', wat weer het biologische equivalent van verdediging tegen pathogenen onthult. Dit wordt een vruchtbare weg: verdedigen → binnendringen → evacueren → uitschakelen → verwijderen → reinigen. De volgende fase is kijken hoe organismen zich verdedigen tegen binnendringende pathogenen met antilichamen, leukocyten, inkapseling en isolering. Om dit proces berekenbaar te maken wordt ook de linguïstische omgeving van het woord geanalyseerd, zodat zijn positie in een semantische hiërarchie een deel van zijn beschrijving wordt en de context definieert. Deze context biedt extra sleutelbegrippen die helpen het overbruggende concept dat wordt gezocht te definiëren. Het belang van de overbruggende woorden wordt dan weerspiegeld door hun frequentie, die te gebruiken is om de ingenieur naar relevanter of nuttiger biologische voorbeelden te leiden van het verschijnsel dat wordt gezocht om een analogie te krijgen. Deze technieken wekken de verwachting van nuttigere analogieën voor technologie.

Dit overbruggende linguïstische proces is niet beperkt tot biologie en is op elk gebied te gebruiken, als er geschikte domeinspecifieke kennisbronnen en naslagwerken zijn. Een groot voordeel van deze benadering is dat er in de uiteindelijke vorm als tool geen biologische input nodig is en dus door een ingenieur of andere specialist kan worden toegepast.

Voor deze methode is echter nog steeds een goede definitie van het probleem nodig (wat niet altijd gemakkelijk is) en de betrouwbaarheid ervan berust op de kwaliteit en volledigheid van de biologische tekst. Een catalogus van het biologische domein, gecombineerd met lexicale analyse, kan de niet-bioloog laten zien welke gebieden van biologie in techniek zijn te vertalen. Het blijkt duidelijk dat het beter is een reeds ontwikkelde techniek over te nemen dan te proberen het wiel opnieuw uit te vinden.

NIEUWE MATERIALEN EN NATUURLIJK ONTWERP

Gerichte probleemoplossing – theorie

Volgens de derde methode van kennisoverdracht zijn alle belangrijke functies die bijdragen aan het succes van de mensheid, ontdekt en vastgelegd, want ze berusten op natuurkundige principes en de technische vooruitgang weerspiegelt de ontwikkeling van meer geavanceerde manieren om die functies te bieden.

Als ze voor een probleem staan, gaan de meeste mensen het 'oplossen' met een object. Het is echter een veel innovatievere benadering zorgvuldig vast te stellen wat uw ideale resultaat zou zijn in termen van een opgeleverde functie en dan uit te werken wat u nodig hebt om tot dat ideale resultaat te komen.

TRIZ

De Oezbeekse ingenieur en onderzoeker Genrich Altshuller heeft een rigoureuze set methoden ontwikkeld voor het definiëren van de functie die moet worden opgeleverd, de werkomgeving of -context waarin ze moet worden opgeleverd, en de hulpbronnen die in die omgeving beschikbaar zijn. Hij merkte vaak dat de oplossing het best wordt bereikt door de omgeving te veranderen, niet door het directe mechanisme dat de functie oplevert te wijzigen (vergelijk dit met het biologische inzicht dat behoud door de instandhouding van het milieu waarin dieren en planten leven, veel zinvoller is dan pogingen om de individuele soorten binnen dat milieu te behouden). Hij noemde deze set van methoden 'De Theorie van Inventieve Probleemoplossing' (in het Russisch *Teoriya Resheniya Izobreatatelskikh Zadatch*, of TRIZ).

Een belangrijk inzicht was dat de manipulaties om deze ideale resultaten te bereiken tot een overzichtelijk aantal waren terug te brengen (ongeveer veertig, bekend als de 'Inventieve Principes') en dat deze manipulaties in een breed gebied van toepassingen relevant waren. Altshuller liet ook zien dat elke tak van technologie een oplossing voor een specifiek probleem kon bieden, zelfs als die tak

▲ Genrich Altshuller (1926-1998), de grondlegger van het TRIZ-systeem voor het oplossen van problemen en creativiteit.

▲ De Duitse filosoof Hegel (1770-1831), wiens denken aan de basis ligt van moderne probleemoplossende technieken.

▲ Heraclitus (ca. 535-475 v.Chr.) definieerde een probleem als een wens en een obstakel voor de vervulling ervan, opgeheven door een oplossing.

geen verband leek te houden met het probleem of de kennelijke oplossing ervan. Als je namelijk een innovatie definieert in termen van de gewenste functie en het in eenvoudige en relatief abstracte termen uitdrukt, kun je de barrières verwijderen die de meeste mensen tussen hun kennisgebieden opwerpen. Het is verleidelijk de innovatie in termen van een technologie te definiëren ('Wat je nodig hebt is een…'). We kunnen dus de overdracht van creativiteit en technologie versterken met ideeën buiten ons zelfgedefinieerde (en dus zelfbeperkende) competentiegebied.

Om een vierde uitspraak aan een bekende categorisering van kennis toe te voegen, onlangs beroemd geworden door Donald Rumsfeld: er zijn onbekende bekenden. Dat wil zeggen, er zijn dingen waarvan we niet weten dat we ze kennen (hier beschouwd als hoofdbron voor creatief denken). De denkregels die TRIZ leert, laten zien hoe we toegang tot die onbekende bekenden kunnen krijgen.

FUNCTIE IS DE SLEUTEL

Een van de TRIZ-technieken is het definiëren van een probleem in termen van de op te leveren functie (bijvoorbeeld grotere belastbaarheid, misschien met een brug die meer verkeer of zwaardere vrachtwagens moet aankunnen) en de minimale oplossing van dat probleem (bijvoorbeeld een zwaardere of grotere structuur om het extra gewicht te dragen).

Dit is gelijk aan het idee van these en antithese van de Duitse filosoof Hegel, waarbij these de stelling is en de antithese het tegenovergestelde van de stelling. Dit is op zich het kader van een probleem dat niet zou bestaan als er geen schijnbaar tegenstrijdige vereisten zouden zijn. De hegeliaanse oplossing – de oplossing van het probleem die these en antithese combineert – is synthese, wat in TRIZ-termen een inventief principe is. Deze principes zijn ontleend aan onderzoek naar meer dan drie miljoen patenten. Ze zijn dus een definitieve verzameling van de beste toepassingen in techniek.

Als we, gezien vanuit biomimetisch gezichtspunt, door functies te definiëren ook groepen van thesen, antithesen en synthesen uit de biologie kunnen halen, kunnen we de manieren vergelijken waarop biologie en techniek een reeks functies opleveren.

NIEUWE MATERIALEN EN NATUURLIJK ONTWERP

Gerichte probleemoplossing – praktijk

Om de TRIZ-methode in werking te laten zien heb ik een gedetailleerde analyse gemaakt van de manier waarop een dier zou kunnen worden gebouwd. Het voorbeeld is cuticula van een insect: ogen – transparant; kaken – zeer hard; tanden – nog harder; beenscharnier – zacht als kunststof doek; schild – dun, maar sterk; stekels – hard en scherp.

Ik heb een lijst gemaakt van de functies van de cuticula van insecten, met skeleteigenschappen, ontwerpkenmerken, waterdichtheid en dergelijke. Items werden paarsgewijs vergeleken en schijnbaar tegenstrijdige eisen in de lijst opgenomen. Het skelet moet stijf zijn om steun te bieden, maar flexibel om beweging mogelijk te maken. Deze paren werden geanalyseerd met TRIZ en de afgeleide inventieve principes (die lieten zien hoe een ingenieur het probleem zou oplossen) werden vergeleken met de manier waarop het insect het probleem oplost met een van de inventieve principes van de lijst. Zo ontstonden twee lijsten die technische en biologische oplossingen voor hetzelfde probleem vergelijken. De inventieve principes waren in slechts 20 procent van de these-antitheseparen gelijk, wat suggereert dat biologie op een heel andere manier dan technologie problemen oplost en functies oplevert.

In technologie is de gebruikelijkste oplossing van het probleem het veranderen van een van de parameters, bijvoorbeeld temperatuur of druk. De meeste functies van cuticula worden geboden door gedetailleerde regeling van eigenschappen over zeer korte afstand, wat erop wijst dat technologie niet alleen heel kleine componenten moet proberen te bouwen, maar ook geïntegreerde assemblages van componenten. Een voorbeeld van het succes van deze

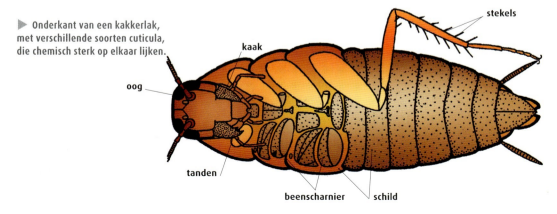

▶ Onderkant van een kakkerlak, met verschillende soorten cuticula, die chemisch sterk op elkaar lijken.

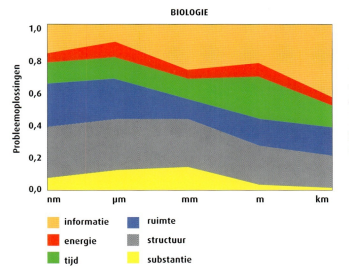
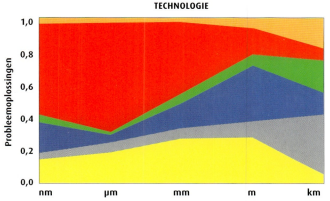

▲ Deze grafieken laten zien hoe zes parameters, die alle mogelijkheden dekken, worden gebruikt om processen te besturen en problemen op te lossen in technologie en biologie. De bewerking van materialen beslaat de reeks van nm tot μm, de productie van mm of cm tot tientallen meter; samenlevingen dekken de rest van de reeks. Wat een verschillen! (Met toestemming van The Royal Society)

benadering is te zien in het ontwerp en de integratie van het campaniform sensillum in de cuticula van insecten. Dit sensillum is een verplaatsingssensor die berust op de vervorming van een gat door de cuticula. Het gat ontstaat door de omlegging van chitinevezels in de cuticula. Deze aandacht voor detail en plaatselijke kwaliteit van het ontwerp resulteert niet alleen in grotere veiligheid (de drukconcentraties die gewoonlijk met een gat worden geassocieerd, worden vrijwel geheel vermeden), maar ook in een toename van een orde van grootte in de plaatselijke versterking van globaal uitgeoefende spanning, wat leidt tot grotere gevoeligheid van het sensillum. De juiste integratie van de reksensor resulteert in een aanzienlijk technisch voordeel ten opzichte van de technologische oplossing waarbij een zelfklevend rekstrookje wordt toegepast.

BIOTRIZ

De TRIZ-benadering heeft toepassingen in de biologie omdat daarmee een objectieve benadering mogelijk is om functies op alle niveaus van complexiteit te begrijpen. We hebben de aspecten waarin we een systeem kunnen manipuleren, verdeeld in substantie, structuur, energie, ruimte, tijd en informatie. Deze zes groepen parameters dekken alle mogelijkheden en geven als these-antitheseparen 36 (namelijk 6 x 6) mogelijke classificaties voor een probleem. We namen ongeveer 2500 voorbeelden van biologische functies in alle groottenschalen, van molecuul tot kilometer, stelden vast welk inventief principe ze elk vertegenwoordigden, en classificeerden ze volgens de vraag welke van deze parameters voor het these-antithesepaar stonden. We noemden deze matrix 'BioTRIZ'. We reduceerden het TRIZ-systeem tot hetzelfde niveau en vergeleken de twee matrices die daaruit volgden. Dit onthulde dat TRIZ en BioTRIZ slechts voor 12 procent overeenkwamen. Op het niveau van materiaalbewerking wordt 70 procent van de technologische problemen opgelost door energie te manipuleren en 15 procent door materialen (substantie) te manipuleren. In schril contrast hiermee speelt energie nauwelijks een rol (niet meer dan 5 procent) in de oplossing van problemen in biologische systemen. In plaats daarvan wordt 20 procent opgelost door manipulatie van de manier waarop dingen worden samengesteld (structuur) en 15 procent door manipulatie van de overdracht van informatie (afgeleid uit het DNA) in cellen en weefsels.

NIEUWE MATERIALEN EN NATUURLIJK ONTWERP

Is succes een keuze?

BioTRIZ is nog niet lang beschikbaar, maar heeft al succes gehad. Salmaan Craig, student techniek bij Buro Happold, keek naar gebouwen in gebieden met een heet klimaat, waar het overdag onaangenaam warm kan worden. Met de isolatie die hij ontwierp kan de warmte in de nachtelijke hemel worden teruggekaatst.

Met gebruikmaking van BioTRIZ om het probleem te analyseren bleek het mogelijk met isolatie de warmte van de zon (kortgolvige straling) overdag te weren, maar 's nachts een route te vormen voor langgolvige straling van het gebouw af. Het beton van het dak werd overdag gebruikt voor de opslag van warmte en met de isolatie werd een uitweg voor straling geboden door haar een oriëntering te geven. Dit is te classificeren als een bionische oplossing van het probleem, want ze werd afgeleid van de suggestie dat de krachtigste ontwerpvariabele op het niveau van dakisolatie 'structuur' is. Het technische

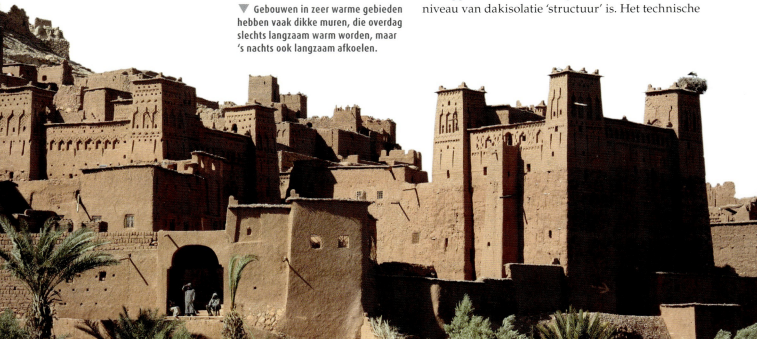

▼ Gebouwen in zeer warme gebieden hebben vaak dikke muren, die overdag slechts langzaam warm worden, maar 's nachts ook langzaam afkoelen.

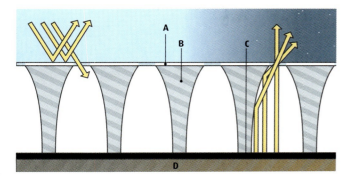

▸ Het dak van Salmaan Craig, dat overdag isoleert (laag A weerkaatst zonlicht en laag B isoleert) en 's nachts warmte (opgeslagen in het beton, D) uitstraalt (via de zwarte laag C). (A = reflector; B = isolator; C = radiator; D = warmteopslag)

antwoord zou 'energie' zijn en inderdaad zouden de meeste mensen automatisch airconditioning als oplossing voor een oververhit gebouw zien. Dat zou milieukundig alleen acceptabel zijn als de airconditioner op zonne-energie via foto-elektrische cellen zou werken!

Met onze studies hebben we geanalyseerd en gecatalogiseerd hoe biologie en techniek dezelfde problemen oplossen, en we hebben de resultaten in één uniforme opmaak gepresenteerd. Zo kunnen we biologie en techniek op hetzelfde niveau van detail en functie vergelijken. De meeste ingenieurs zouden het niet graag toegeven, maar bionica is de eerste echte uitdaging aan de techniek op haar eigen territorium en in veel opzichten vindt ze dat techniek tekortschiet. Deze uitdaging heeft iets urgents, want ons wereldwijde verbruik van energie overtreft het huidige aanbod ruimschoots. Daarom kunnen we op dit moment niet 'duurzaam' zijn. Zou bionica ons kunnen helpen? Het is de vraag of het biologische systeem dat we op deze planeet hebben geërfd, het paradigma voor duurzaamheid is, maar er is geen bewijs dat enig ander systeem ons zou voorzien van de hulpbronnen die we nodig hebben om te overleven, althans op deze planeet. Bionica kan ons naar een duurzame toekomst wijzen, als we tenminste haar lessen op onze technologie kunnen overdragen of, misschien nog beter, onze technologie in een biologisch *format* kunnen vertalen. Bionica kan een aanzienlijk effect op onze overleving hebben als we haar kunnen gebruiken om een technologie te ontwerpen die minder afhankelijk is van energie.

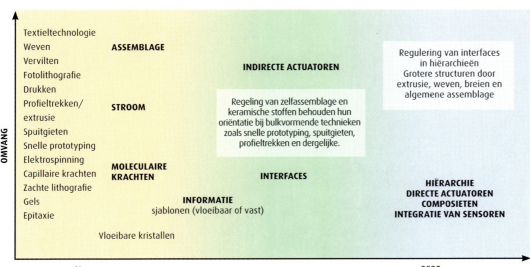

◂ Veel technieken die we nodig hebben voor de productie van materialen en structuren zijn soms moderne versies van traditionele methoden. Zelfassemblage en de besturing van interfaces blijven belangrijke onderzoeksgebieden waarin de biologie het veel beter doet dan wij op dit moment kunnen.

Woordenlijst

Actuator een soort omvormer die energie omzet in een bepaalde mechanische functie, bijvoorbeeld een spier of een motor

Akoestiek de wetenschappelijke studie van geluid

Algoritme een stelsel van regels dat wordt gebruikt om een proces te sturen of een computerprobleem op te lossen

Amplitude de hoogte van een golf, soms gemeten vanaf het midden tussen oscillaties tot de piek van de golf en soms van de piek tot het corresponderende dal

Anisotropie een eigenschap van een substantie (bijvoorbeeld refractie-index, absorptie, elasticiteit) die varieert afhankelijk van de omgeving. Timmerhout vertoont anisotropie, want het is gemakkelijker in de richting van de nerf te splijten dan dwars op de nerf

Atmosfeer een drukeenheid, gedefinieerd als 101.325 kPa, min of meer de gemiddelde atmosferische druk op zeeniveau

Belasting-spanningscurve de grafiek van de relatie tussen de kracht (belasting) die op een materiaal wordt uitgeoefend en de vervorming die daarvan het gevolg is (spanning)

Bio-inspiratie het gebruik van inspiratie door de natuur voor de ontwikkeling van technologische oplossingen van problemen

Biomassa de totale hoeveelheid levende biologische organismen in een bepaald gebied

Biomimetica het nabootsen van de natuur om technologische oplossingen van problemen te ontwikkelen

Bionica *zie* Biomimetica

Breedband heeft betrekking op een groot gebied van frequenties van een signaal of een ontvanger

Brekingsindex een maatstaf voor de verlaging van de voortplantingssnelheid van licht als het door een bepaald medium gaat. Materialen met een hoge brekingsindex vertragen licht meer dan die met een lagere brekingsindex

Broosheid een eigenschap van materialen die onder belasting kunnen breken zonder voorafgaande vervorming. Een materiaal kan tegelijkertijd sterk en broos zijn

Capillaire golf een golf die langs het oppervlak van een vloeistof gaat, ook bekend als 'rimpeling'

C-as de hoofdas van een structuur

Case-based reasoning het oplossen van een probleem op basis van vergelijkbare vorige problemen

Cavitatie de vorming van bellen in een vloeistof als er een object door beweegt; de bellen komen in zeer lage druk in turbulentie voor, waarbij bellen ontstaan die bijvoorbeeld scheepsschroeven kunnen beschadigen

Cellulose een polysacharide die bestaat uit een lineaire keten van vele honderden suikermoleculen. Cellulose is de structurele component van de primaire celwand van groene planten en vele vormen van algen

Centrale patroongenerator (CPG) een neuraal netwerk dat onafhankelijk van het centrale zenuwstelsel van een dier ritmische outputs kan opwekken (bijvoorbeeld repeterende bewegingen zoals lopen, ademen of vliegen). CPG's kunnen deze outputs opwekken zonder een corresponderende externe ritmische input; lopen gebeurt bijvoorbeeld zonder een afzonderlijke boodschap van de cortex voor elke stap

WOORDENLIJST

Chitine een taaie, beschermende, semi-transparante substantie, hoofdzakelijk een polysacharide die stikstof bevat; vormt het hoofdbestanddeel van exo-skeletten van geleedpotigen, wordt ook in de celwanden van bepaalde schimmels gevonden

Chromatoforen pigmenthoudende en licht reflecterende cellen in koudbloedige dieren zoals vissen en reptielen, die de huidskleur bepalen

Cilia heel kleine haarachtige trillende structuren op het oppervlak van een-cellige micro-organismen die stromen in een omringende vloeistof opwekken of voor de voortbeweging worden gebruikt

Collageen het belangrijkste structurele eiwit van bindweefsel in dieren

Composiet een materiaal gemaakt van diverse samenstellende materialen die gescheiden blijven. Composieten bestaan meestal uit een matrix en een versterkend materiaal; het laatstgenoemde geeft de composiet zijn specifieke eigenschappen, terwijl de matrix een stabiele omgeving vormt

Convectie de beweging van moleculen in een vloeistof, vaak verbonden met de overdracht van warmte-energie. 'Vrije' convectie komt in de natuur voor als warmere moleculen zich meer opwaarts gaan bewegen. 'Geforceerde' convectie wordt opgewekt door een extern middel zoals een ventilator of een pomp die de vloeistof laat circuleren

Covalente binding een atomaire binding waarbij een paar elektronen door twee atomen wordt gedeeld, de krachtigste chemische verbinding

Cytoplasma het deel van een cel dat zich in het celmembraan bevindt

Cytoskelet de inwendige 'steigers' van een cytoplasma

Distaal gelegen in het gebied dat het verst van het hechtingspunt ligt, bijvoorbeeld van ledematen, haar, staart enz.

Dubbele breking de ontleding van licht in twee stralen als het door een substantie gaat, een algemene eigenschap van kristallen, die twee verschillende brekingsindexen hebben

Dwarsverbindingen verbindingen die polymeerketens aan elkaar koppelen. Materialen met sterke dwarsverbindingen zijn stabiel en moeilijk af te breken

Eiwit een verbinding van aminozuren in een lineaire keten die in een bolvorm is gevouwen. Eiwitten zijn essentieel voor organismen, ze verrichten mechanische en structurele functies en nemen deel aan katalytische en metabolische processen

Elasticiteit de eigenschap van een materiaal waardoor het in zijn oorspronkelijke vorm terugkeert na uitoefening van een belasting die het heeft vervormd

Elasticiteitsmodulus een maat voor de neiging tot elastische vervorming van een materiaal, ook bekend als Young's modulus

Elastine een eiwit in het bindweefsel van een lichaam dat ervoor zorgt dat weefsels na uitrekking weer hun vorm aannemen

Emergentie de manier waarop complexe systemen zich ontwikkelen uit de interactie van een groep eenvoudige processen of gebeurtenissen

Enzym een eiwit dat een chemische reactie beïnvloedt (versnelt, vertraagt, start of stopt)

Epibiont een organisme dat op het oppervlak van een ander organisme leeft

Faseovergang het proces waarbij een medium van de ene toestand in de andere overgaat, bijvoorbeeld van vast naar vloeibaar

Feromoon een chemische substantie die een dier afscheidt om een boodschap aan een ander dier over te brengen, bijvoorbeeld om een territorium of een weg te markeren of de bereidheid tot paren kenbaar te maken

Fibril een kleine vezel van ongeveer 1 nanometer (nm) in doorsnee

Fotonisch verband houdend met de opwekking, overdracht of ontvangst van licht

Frequentie voor een herhaalde cyclische actie, bijvoorbeeld geluidsgolven, is de frequentie het aantal cyclussen in een bepaalde periode. De eenheid van frequentie is hertz (Hz), een maatstaf voor het aantal cyclussen per seconde

Fuzzy reasoning het proces waarin een probleem wordt opgelost door diverse benaderingen van een oplossing te overwegen en de variabelen te beperken; een wijze van redeneren die bij mensen gewoon is, maar in kunstmatige intelligentie heel moeilijk is na te bootsen

Gelamineerd bestaande uit lagen. Laminatie is een algemene methode om weerstand tegen breken te verhogen

Geleedpotigen (Arthropoda) ongewervelde dieren met een gesegmenteerde romp, ledematen met gewrichten en een exoskelet. Insecten, schaaldieren (kreeftachtigen) en spinachtigen zijn geleedpotigen

Gradiënt het verschil in een bepaalde eigenschap – bijvoorbeeld temperatuur, snelheid, moleculaire concentratie – tussen aan elkaar grenzende gebieden van een stof

Grenslaag de vloeistoflaag die het dichtst bij het begrenzende oppervlak ligt, bijvoorbeeld de zeebodem, de wand van een buis of de vleugel van een vliegtuig

Grensvlak een grens tussen twee gebieden, of een gebied waarin twee of meer systemen interactie met elkaar hebben

Groepsintelligentie een kenmerk van superorganismen waarin veel afzonderlijke agenten met beperkte intelligentie en informatie hun hulpbronnen kunnen samenvoegen om een doel te bereiken dat buiten hun individuele vermogens ligt

Helix een spiraalcurve. Veel chemische substanties hebben een spiraalvormige structuur

Hydrodynamica de studie van vloeistoffen in beweging

Hydrofiel een chemische substantie die snel verbindingen met water maakt, wordt 'hydrofiel' genoemd

Hydrofoob een chemische substantie die water afstoot, wordt 'hydrofoob' genoemd

Inkapseling het proces waardoor een deeltje met een laag wordt bedekt om het tegen de omgeving te beschermen of om de omgeving tegen het deeltje te beschermen

Interface *zie* Grensvlak

WOORDENLIJST

Keramiek een anorganisch kristallijn mineraal. Kenmerkend voor keramiek is dat het hard en broos is; in de natuur voorkomende keramieken zijn belangrijke elementen in skeletstructuren

Keratine een vezelig eiwit dat structurele functies in dieren heeft

Kinetische energie energie die een object bezit als gevolg van zijn beweging

Klep een apparaat om de doorgang van vloeistof door een mechanisme te regelen, met name een apparaat dat de stroom in slechts één richting mogelijk maakt

Knoop een verbindingspunt in een netwerk dat informatie kan ontvangen en over het netwerk kan verspreiden

Koolwaterstoffen de eenvoudigste organische verbindingen, bestaande uit waterstof- en koolstofatomen

Kristalliniteit de mate van orde of regelmaat in de interne moleculaire structuur van een materiaal, die eigenschappen zoals hardheid en dichtheid bepaalt

Lamel een dunne plaatachtige structuur

Lastenspreiding een manier om de inwerking van een kracht of belasting op een systeem te verminderen door de effecten ervan over een aantal sub-eenheden te verspreiden

Leukocyten witte bloedcellen die het menselijk lichaam tegen infectie beschermen

Lignine een polymeer in bomen en houtachtige planten die de cellen bindt en structurele steun biedt

Matrix een omgeving of een substantie waarin een structuur groeit of is ingebed

Microbarsten een mechanisme in keramiek dat de weerstand tegen breken verhoogt door de energie van een grote barst zich te laten verspreiden over een aantal kleinere barsten en zo te stoppen

Mineralisatie het proces waardoor een organische substantie met een anorganische substantie wordt geïmpregneerd of erin omgezet

Modaliteit een vorm van zintuiglijke gewaarwording, bijvoorbeeld het gezicht of het gehoor

Modulair bestaande uit onafhankelijke of gestandaardiseerde eenheden

Morfogenese het biologische proces dat een organisme zijn bijzondere vorm laat aannemen

Musculaire hydrostaat een structuur in veel dieren die vrijwel geheel uit spiervezels bestaat en wordt gebruikt om objecten te manipuleren of het dier zich te laten voortbewegen. Voorbeelden zijn de tentakels van octopussen, de olifantslurf en de tong van dieren

Nanodeeltje een structuur met een diameter van 1 tot 100 nanometer (nm)

Netwerkcomplexiteit het aantal paden en knopen in een netwerk

Neuromast zintuiglijk orgaan in vissen dat bestaat uit een groep receptorcellen die in de zijlijn langs de romp van de vis loopt en met zenuwvezels verbonden is

Niet-stationaire stroming een begrip waarmee in vloeistofmechanica de beweging van een vloeistof wordt beschreven als de snelheid of richting van de stroom in de loop van de tijd varieert

Omzetter een apparaat dat het ene type energie of fysisch kenmerk omzet in een ander type. Sensoren en actuatoren zijn soorten omzetters

Osmose de beweging van watermoleculen door een semipermeabel membraan van een oplossing met lagere concentratie naar een met hogere concentratie. Osmose is essentieel voor de doorgang van water in en uit plantencellen

Pathogeen een biologische agent die ziekte veroorzaakt

Plastificeren iets buigbaar of kneedbaar maken

Polymeer een chemische structuur die bestaat uit een keten van herhaalde eenheden van kleinere moleculen. Polymeren komen in de natuur voor en worden synthetisch in vele vormen geproduceerd; ze hebben een groot aantal eigenschappen

Polysacharide een polymeer dat bestaat uit een keten van suikermoleculen, die verband houden met de overdracht en opslag van energie, en met structurele functies. Cellulose en chitine zijn polysachariden

Potentiële energie energie die in een systeem wordt opgeslagen door haar fysische configuratie of een daarvoor uitgeoefende kracht; 'potentieel' genoemd omdat ze in een andere vorm van energie kan worden omgezet, maar nog niet is omgezet, en daarbij arbeid kan verrichten

Propagatie de verspreiding of uitbreiding van een proces of gebeurtenis

Quorum sensing een systeem voor besluitvorming dat door sociale organismen wordt gebruikt en dat berust op het inzicht dat het aantal individuen een drempel heeft bereikt waardoor een bepaalde collectieve functie of een bepaald proces kan plaatsvinden

Regoliet een laag los materiaal op een vaste rotslaag, bijvoorbeeld aarde, zand, alluviale afzettingen, grind

Schaalbaarheid de geschiktheid van een systeem om te worden vergroot zonder verlies van efficiëntie of productiviteit, van belang bij de vraag of organische microprocessen op menselijke schaal zijn uit te voeren

Schuifbelasting een belasting die parallel aan het oppervlak van een materiaal wordt uitgeoefend, een normale belasting werkt verticaal op het oppervlak

Schuifspanning een vervorming die parallel aan het oppervlak van een materiaal optreedt; een normale spanning werkt verticaal op het oppervlak

Sensor een omvormer die een fysieke eigenschap omzet in een vorm van energie-output voor het verrichten van metingen

Setae kleine borstels op diverse organismen die het organisme verankeren of voedzame micro-organismen uit een omringende vloeistof verzamelen

Silica siliciumdioxide (SiO_2), het meest voorkomende mineraal in de aardkorst, meestal in de vorm van kwarts of zand. Silica wordt ook aangetroffen in de celwanden van diatomeeën, een veelvoorkomend fytoplankton

Size-ordered recruitment een manier om de elementen van een netwerk of systeem zo efficiënt mogelijk te gebruiken voor een bepaalde functie, te beginnen met de kleinste of zwakste eenheden en dan doorwerkend langs de niveaus van kracht of grootte, afhankelijk van de hoeveelheid kracht er nodig is

Smering methode om wrijving (frictie) tussen twee oppervlakken te verminderen, meestal wordt een vloeistof gebruikt

Stationaire-stroomsysteem 'stationaire stroom' is een begrip waarmee in vloeistofmechanica de beweging van een vloeistof wordt beschreven als de snelheid of richting van de stroom in de loop van de tijd niet varieert

Sterkte weerstand tegen breuk

Stijfheid weerstand tegen vervorming zoals strekken, buigen of samendrukken

Stuurvlakken beweegbare elementen op de romp van een vliegtuig of onderzeeër zoals hoogteroeren, rolroeren en roeren waarmee de stand en de richting van het vaartuig of vliegtuig zijn te regelen

Superorganisme een organisme dat uit vele organismen bestaat, gewoonlijk van toepassing op sociale insecten zoals bijen en mieren die een hoge mate van samenwerking en onderlinge afhankelijkheid vertonen

Taaiheid een eigenschap van materialen die onder spanning vervormen voordat ze breken; vooral toegepast op metalen die tot draden kunnen worden uitgerekt

Thermosifonsysteem methode van circulaire warmtewisseling in vloeistoffen waarbij warme vloeistof opstijgt en koelere vloeistof aantrekt die zijn plaats inneemt, waarna de warme vloeistof zelf afkoelt en weer naar de onderkant van het systeem daalt

Timbre de kwaliteit van een muzikale toon of geluid dat de middelen van opwekking onderscheidt, bijvoorbeeld de eigenschap waardoor een luisteraar onderscheid kan maken tussen een trompet en een trombone als ze allebei een toon van dezelfde hoogte en met hetzelfde volume spelen

Trekvastheid weerstand tegen breuk onder trekspanning

Turgescentie de stijfheid van planten- of dierencellen door de aanwezigheid van een vloeistof. Als planten water verliezen, worden ze slap door het verlies van turgescentie

Ultrasoon heeft betrekking op geluiden met een hogere frequentie dan voor het menselijk oor waarneembaar is, boven ongeveer 20.000 Hz

Verkalking de vorming van calciumverbindingen, een belangrijk proces voor de ontwikkeling van schalen en beenderstructuren

Verzwakken gezegd van licht dat door een verstrooiend medium zoals water gaat, of van geluidsgolven die intensiteit verliezen als ze door een absorberend medium gaan

Visco-elasticiteit een eigenschap van materialen die onder belasting zowel elastische als viskeuze eigenschappen vertonen

Viscositeit de mate van weerstand van een vloeistof tegen vervorming onder belasting

Voortbeweging beweging van de ene plaats naar de andere

Vortex een gas- of vloeistofstroom in een spiraalpatroon. Vortices kunnen worden veroorzaakt door de doorgang van een vast lichaam door een vloeistof; ze bevatten veel energie en verdwijnen langzaam

Young's modulus *zie* Elasticiteitsmodulus

Zijketen een tak van de moleculaire moederketen, bijvoorbeeld van een polymeer

Auteurs

JEANNETTE YEN
Jeannette Yen is afgestudeerd in biologische oceanografie. Ze is directeur van Georgia Tech's Center for Biologically Inspired Design en hoogleraar aan de School of Biology. Het Center doet onderzoek naar innovatieve producten en technieken op basis van biologisch geïnspireerde ontwerpoplossingen die gedurende miljoenen jaren van evolutie in concept zijn getest. Als we de natuur ervaren als bron van innovatieve en inspirerende principes, is dat een stimulans om de natuurlijke wereld te behouden en te beschermen in plaats van alleen maar haar producten te oogsten.

YOSEPH BAR-COHEN
Yoseph Bar-Cohen is senior onderzoekswetenschapper aan Jet Propulsion Laboratory in Pasadena, Californië. Hij is in 1979 afgestudeerd in natuurkunde aan de Hebrew University in Jeruzalem, Israël. Hij heeft twee bijzondere ontdekkingen gedaan op het gebied van ultrasone golven in composietmaterialen en is medeauteur van meer dan 320 publicaties. Hij heeft over de hele wereld wetenschappers uitgedaagd een robotarm met EAP-aandrijving te ontwikkelen om met een mens te worstelen en te winnen. In 2003 heeft *Business Week* hem genoemd als een van de vijf technologiegoeroes die 'de grenzen van de techniek verleggen'.

TOMONARI AKAMATSU
Tomonari Akamatsu is onderwaterbioakoesticus in Japan. Hij leidt onderzoek naar het volgen van bedreigde mariene zoogdieren met passieve akoestische technieken. Hij heeft natuurkunde en landbouw gestudeerd en is vooraanstaand onderzoeker naar de ontwikkeling van de dolfijnmimetische echopeiling. Hij is redacteur van *Bioinspiration & Biomimetics* en het *Journal of Ethology*, en is recensent van het *Journal of the Acoustical Society of America, Marine Ecology Progress Series*.

ROBERT ALLEN

Adviserend redacteur Robert Allen is hoogleraar in Biodynamica en Regulering aan het Institute of Sound and Vibration Research (ISVR), University of Southampton, GB. Hij is aan de University of Leeds, GB, afgestudeerd in onderzoek naar het modelleren van de dynamische kenmerken van zenuwreceptoren. Zijn onderzoeksinteresses focussen op de ontwikkeling en toepassing van signaalverwerkingstechnieken voor biomedische systeemanalyse en op de bio-geïnspireerde besturing van onbemande onderwatervoertuigen.

STEVEN VOGEL

Steven Vogel is James B. Duke emeritus hoogleraar aan het Department of Biology van Duke University, Durham, North Carolina. Hij is van oorsprong bioloog en zoekt naar mechanische factoren achter de ontwerpen van organismen, vooral naar hun vloeistofdynamische hulpmiddelen. Hij heeft diverse boeken en artikelen voor allerlei populaire tijdschriften geschreven. Tot zijn meest recente projecten behoren een leerboek voor studenten en een verzameling essays over vergelijkende biomechanica.

JULIAN VINCENT

Julian Vincent is hoogleraar Biomimetica aan het Department of Mechanical Engineering aan de University of Bath, GB. Hij heeft meer dan 300 essays, artikelen en boeken gepubliceerd. Tot zijn interesses behoren TRIZ (het Russische systeem voor creatieve oplossingen van problemen), mechanisch ontwerp van planten en dieren, complexe breukmechanica, textuur van voedsel, ontwerp van composietmaterialen, gebruik van natuurlijk materiaal in technologie, geavanceerde weefmaterialen, slimme systemen, en structuren. In 1990 heeft hij de Prince of Wales Environmental Innovation Award ontvangen.

Bibliografie

HOOFDSTUK 1
MARIENE BIOLOGIE

Aizenberg, Joanna, Alexei Tkachenko, Steve Weiner, Lia Addadi en Gordon Hendler. 'Calcitic microlenses as part of the photoreceptor system in brittlestars.' *Nature* vol. 412 (23 augustus 2001): www.nature.com 819-822.

Aizenberg, Joanna, Vikram C. Sundar, Andrew D. Yablon, James C. Weaver en Gang Chen. 'Biological glass fibers: Correlation between optical and structural properties.' (2004): 3358-3363 PNAS 9 maart, vol. 101, nr. 10.

Aizenberg, Joanna, James C. Weaver, Monica S. Thanawala, Vikram C. Sundar, Daniel E. Morse en Peter Fratzl. 'Skeleton of Euplectella sp.: Structural Hierarchy from the Nanoscale to the Macroscale.' *Science* vol. 309 (8 juli 2005): 275-278.

Allen, J.J. en A.J. Smits. 'Energy Harvesting Eel.' *Journal of Fluids and Structures* 15, 1-12.

Arzt, Eduard, Stanislav Gorb en Ralph Spolenak. '*From micro to nano contacts in biological attachment devices.*' PNAS (16 september 2003): vol. 100, nr. 19 10603-10606

Ayers, Joseph en Jan Witting. 'Biomimetic approaches to the control of underwater walking machines.' *Phil. Trans. R. Soc. A* 365 (2007): 273-295

Bartol, I.K., M.S. Gordon, P. Webb, D. Weihs en M. Gharib. 'Evidence of self-correcting spiral flows in swimming boxfishes.' *Bioinsp. Biomim.* (2008): 3 014001 (7 p.), voordracht.

Bevan, D.J.M., Elisabeth Rossmanith, Darren K. Mylrea, Sharon E. Ness, Max R. Taylor en Chris Cuff. 'On the structure of aragonite – Lawrence Bragg revisited.' *Acta Cryst.* B58 (2002): 448-456.

Capadona, Jeffrey R., Kadhiravan Shanmuganathan, Dustin J. Tyler, Stuart J. Rowan en Christoph Weder. 'Stimuli-Responsive Polymer Nanocomposites Inspired by the Sea Cucumber.' *Dermis. Science* 319 (2008): 1370-1374.

Chan, Brian, N.J. Balmforth en A.E. Hosoi. 'Building a better snail: Lubrication and adhesive locomotion.' *Physics Of Fluids* 17 (2005): 113101-1, 113101-10.

Chen, P.-Y., A.Y.-M. Lin, A.G. Stokes, Y. Seki, S.G. Bodde, J. McKittrick en M.A. Meyers. 'Structural Biological Materials: Overview of Current Research.' JOM, juni; 60, 6; *ABI/INFORM Trade & Industry* (2008): 23-32.

Cohen, Anne L., Daniel C. McCorkle, Samantha de Putron, Glenn A. Gaetani en Kathryn A. Rose. 'Morphological and compositional changes in the skeletons of new coral recruits reared in acidified seawater: Insights into the biomineralization response to ocean acidification.' *Geochemistry Geophysics Geosystems* vol. 10, nr. 7 (2009): 1-12.

Dabiri, J.O., S.P. Colin en J.H. Costello. 'Morphological diversity of medusan lineages constrained by animal-fluid interactions.' *J. Exp. Biol.* 210 (2007): 1868-1873.

Dorgan, Kelly M., Peter A. Jumars, Bruce D. Johnson en Bernard P. Boudreau. 'Macrofaunal Burrowing: The Medium Is The Message.' *Oceanography and Marine Biology: An Annual Review* 44 (2006): 85-121 © R.N. Gibson, R.J.A. Atkinson en J.D.M. Gordon, red. Taylor & Francis.

Dorgan, Kelly M., Peter A. Jumars, Bruce Johnson, B.P. Boudreau en Eric Landis. 'Burrow extension by crack propagation.' *Nature* vol. 433 (2005): 475.

Ernst, E.M., B.C. Church, C.S. Gaddis, R.L. Snyder en K.H. Sandhage. 'Enhanced Hydrothermal Conversion of Surfactant-modified Diatom Microshells into Barium Titanate Replicas.' *J. Mater. Res.* 22 [5] (2007): 1121-1127

Farrell, Jay A., Shuo Pang en Wei Li. 'Chemical Plume Tracing via an Autonomous Underwater Vehicle.' Sciences *IEEE Journal Of Oceanic Engineering* vol. 30, nr. 2 (april 2007): 428-442.

Fudge, Douglas S., Kenn H. Gardner, V. Trevor Forsyth, Christian Riekel en John M. Gosline. 'The Mechanical Properties of Hydrated Intermediate Filaments: Insights from Hagfish Slime Threads.' *Biophysical Journal* vol. 85 (september 2003): 02015-2027 2015.

Fudge, Douglas S., T. Winegard, R.H. Ewoldt, D. Beriault, L. Szewciw en G.H. McKinley. 'From ultra-soft slime to hard a-keratins: The many lives of intermediate filaments.' *Integrative and Comparative Biology* vol. 49, nr. 1 (2009): 32-39

Grasso, Frank W. en Pradeep Setlur. 'Inspiration, simulation and design for smart robot manipulators from the sucker actuation mechanism of cephalopods.' *Bioinsp. Biomim.* 2 (2007): S170-S181 doi:10.1088/1748-3182/2/4/S06.

Honeybee Robotics Spacecraft Mechanisms Corporation. Rock Abrasion Tool. www.honeybeerobotics.com

Hover, F.S. en D.K.P. Yue. 'Vorticity Control in Fish-like Propulsion and Maneuvering.' *Integrative and Comparative Biology* 42 (5):1026-1031. 2002 http://www.bioone.org.www.library.gatech.edu:2048/doi/full/10.1093/ict/42.5.1026 - affl#affl.

Hu, David L., Brian Chan en John W.M. Bush. 'The hydrodynamics of water strider Locomotion.' *Nature* vol. 424 (7 augustus 2003): 663-666.

Hudec, R., L. Veda, L. Pina, A. Inneman en V. Imon. 'Lobster Eye Telescopes as X-ray All-Sky Monitors.' *Chin. J. Astron. Astrophys* vol. 8 supplement (2008): 381-385 (http://www.chjaa.org)

Hultmark, Marcus, Megan Leftwich en Alexander J. Smits. 'Flowfield measurements in the wake of a robotic lamprey.' *Exp Fluids* (2007): 683-690.

Kang, Youngjong, Joseph J. Walish, Taras Gorishnyy en Edwin L. Thomas. 'Broad-wavelength-range chemically tunable block-copolymer photonic gels.' *Nature Materials* 6 (2007): 957-960.

Kazerounian, Kazem, en Stephany Foley. 'Barriers to Creativity in Engineering Education: A Study of Instructors' and Students' Perceptions.' *Journal of Mechanical Design* vol. 129 (juli 2007): 761

Kröger, N. en N. Poulsen. 'Diatoms – from cell wall biogenesis to nanotechnology.' *Annu. Rev. Genet.* 42 (2008): 83-107.

Lauder G.V. en E.G. Drucker. 'Forces, fishes, and fluids: hydrodynamic mechanisms of aquatic locomotion.' *News in Physiological Sciences* 17 (2002): 235-240.

Lee, Haeshin, Bruce P. Lee en Phillip B. Messersmith. 'A reversible wet/dry adhesiveinspired by mussels and geckos.' *Nature* vol. 448 (19 juli 2007) doi:10.1038/nature05968

HOOFDSTUK 1
MARIENE BIOLOGIE VERVOLG

Mäthger, Lydia M. en Roger T. Hanlon. 'Malleable skin coloration in cephalopods: selective reflectance, transmission and absorbance of light by chromatophores and iridophores.' *Cell Tissue Res* (2007): 329:179-186.

Manefield, Michael, Thomas Bovbjerg Rasmussen, Morten Henzter, Jens Bo Andersen, Peter Steinberg, Staran Kjelleberg en Michael Givskov. 'Halogenated furanones inhibit quorum sensing through accelerated LuxR turnover.' *Microbiology* 148 (Pt 4) (april 2002): 1119-1127 11932456.

McHenry, Matthew. J. 'Comparative Biomechanics: The Jellyfish Paradox Resolved.' *Current Biology* vol. 17 nr. 16 (2007): R632-R633.

Pelamis Wave Power. http://www.pelamiswave.com/index.php

Peleshanko, Sergiy, Michael D. Julian, Maryna Ornatska, Michael E. McConney, Melbourne C. LeMieux, Nannan Chen, Craig Tucker, Yingchen Yang, Chang Liu, Joseph A.C. Humphrey en Vladimir V. Tsukruk. 'Hydrogel-Encapsulated Microfabricated Haircells Mimicking Fish Cupula Neuromast.' *Adv. Mater.* 19 (2007): 2903-2909

Pfeifer, Rolf, Max Lungarella, Fumiya Iida. 'Self-Organization, Embodiment, and Biologically Inspired Robotics.' *Science* 318 (2007): 1088.

Ralston, Emily en Geoffrey Swain. 'Bioinspiration – the solution for biofouling control?' *Bioinsp. Biomim.* 4 (2009): 015007 (9 p.).

Scardino, Andrew, Rocky De Nys, Odette Ison, Wayne O'Connor en Peter Steinberg. 'Microtopography and antifouling properties of the shell surface of the bivalve molluscs Mytilus Galloprovincialis and Pinctada imbricata.' *Biofouling* 19 supplement (april 2003): 221-230 14618724.

Silver J., C. Gilbert, P. Sporer en A. Foster. 'Low vision in east African blind school students: need for optical low vision services.' *Br J Ophthalmol* (1995): 79:814-820. http://www.ted.com/talks/josh_silver_demos_adjustable_liquid_filled_eyeglasses.html

Techet. http://www.bioone.org.www.library.gatech.edu:2048/doi/full/10.1093/ict/42.5.1026 - affl#affl.

Triantafyllou, M.S., A.H. Techet, Q. Zhu, D.N. Beal, F.S. Hover en D.K.P. Yue. 'Vorticity Control in Fish-like Propulsion and Maneuvering.' *Integrative and Comparative Biology* 42 (5): 1026-1031. 2002, doi: 10.1093/icb/42.5.1026

Weissburg, M.J., D.B. Dusenbery, H. Ishida, J. Janata, T. Keller, P.J. W. Roberts en D.R. Webster. 'A multidisciplinary study of spatial and temporal scales containing information in turbulent chemical plume tracking.' *J. Environmental Fluid Mechanics* (2002): 2: 65-94.

Winter, Amos G., A.E. Hosoi, Alexander H. Slocum en Robin L.H. Deits. 'The Design And Testing Of Roboclam: A Machine Used To Investigate And Optimize Razor Clam-Inspired Burrowing Mechanisms For Engineering Applications.' *Proceedings of the ASME 2009 International Design Engineering Technical Conferences & Computers and Information in Engineering Conference IDETC/CIE 2009* (30 augustus-2 september 2009): San Diego, Californië, USA DETC2009-86808.

Yen, J., P.H. Lenz, D.V. Gassie en D.K. Hartline. 'Mechanoreception in marine copepods: Electrophysiological studies on the first antennae.' *Journal of Plankton Research* 14 (4) 19920: 495-512.

Yen, J. en J.R. Strickler. 'Advertisement and concealment in the plankton: What makes a copepod hydrodynamically conspicuous?' *Invert. Biol.* 115 (1996): 191-205.

Yeom, Sung-Weon en Il-Kwon Oh. 'A biomimetic jellyfish robot based on ionic polymer metal composite actuators.' *Smart Mater. Struct.* 18 (2009): 085002 (10 p.) doi:10.1088/0964-1726/18/8/085002.

Zhu, Q. http://www.bioone.org.www.library.gatech.edu:2048/doi/full/10.1093/ict/42.5.1026 - affl#affl.

HOOFDSTUK 2
MENSACHTIGE ROBOTS

Abdoullaev A. *Artificial Superintelligence.* F.I.S. Intelligent Systems, 1999.

Arkin R. *Behavior-Based Robotics.* Cambridge, MA: MIT Press, 1989.

Asimov I. 'Runaround' (oorspronkelijk gepubliceerd in 1942), herdrukt in *I Robot* (1942): 33-51.

Asimov I. *I Robot* (een bundel korte verhalen die oorspronkelijk tussen 1904 en 1950 zijn gepubliceerd). London: Grafton Books, 1968.

Bar-Cohen, Y. (red.). 'Proceedings of the SPIE's Electroactive Polymer Actuators and Devices Conf., 6th Smart Structures and Materials Symposium.' *SPIE Proc.* vol. 3669 (1999): 1-414.

Bar-Cohen, Y. en C. Breazeal (red.). *Biologically-Inspired Intelligent Robot*, 2003. Bellingham, Washington: SPIE Press, vol. PM122, 1-393.

Bar-Cohen Y. (red.). *Electroactive Polymer (EAP) Actuators as Artificial Muscles – Reality, Potential and Challenges,* 2e druk. Bellingham, Washington: SPIE Press, 2004, vol. PM136, 1-765.

Bar-Cohen Y. (red.). *Biomimetics – Biologically Inspired Technologies.* Boca Raton, FL: CRC Press, 2005, 1-527.

Bar-Cohen, Y. en D. Hanson. *The Coming Robot Revolution – Expectations and Fears About Emerging Intelligent, Humanlike Machine.* New York: Springer, 2009.

Breazeal C. *Designing Sociable Robots.* Cambridge, MA: MIT Press, 2002.

Čapek K. *Rossum's Universal Robots (R.U.R.).*, Nigel Playfair (auteur), P. Selver (vertaler), Oxford University Press, VS, 1961.

Dautenhahn, K. en C.L. Nehaniv (red.). *Imitation in Animals and Artifacts.* Cambridge, MA: MIT Press, 2002.

Drezner, T. en Z. Drezner. 'Genetic Algorithms: Mimicking Evolution and Natural Selection in Optimization Models.' Hoofdstuk 5 in [Bar-Cohen, 2005], 157-175.

Fornia A., G. Pioggia, S. Casalini, G. Della Mura, M.L. Sica, M. Ferro, A. Ahluwalia, R. Igliozzi, F. Muratori en D. De Rossi. 'Human-Robot Interaction in Autism.' *Proceedings of the IEEE-RAS International Conference on Robotics and Automation (ICRA 2007)* workshop over robo-ethiek, Rome, Italië (10-14 april 2007).

Full, R.J. en K. Meijir. 'Metrics of Natural Muscle Function.' Hoofdstuk 3 in [Bar-Cohen, 2004], 73-89.

Gallistel C. *The Organization of Action.* Cambridge, MA: MIT Press, 1980.

Gallistel, C. *The Organization of Learning.* Cambridge, MA: MIT Press, 1990.

Gates, B. 'A Robot in Every Home.' Hoofdartikelen, *Scientific American* (januari 2007).

Gould, J. *Ethology.* New York: Norton, 1982.

Hanson, D. 'Converging the Capability of EAP Artificial Muscles and the Requirements of Bio-Inspired Robotics.' *Proceedings of the SPIE EAP Actuators and Devices (EAPAD) Conf.* Y. Bar-Cohen (red.), vol. 5385 (SPIE), (2004): 29-40.

Hanson, D. *Humanizing interfaces – an integrative analysis of the aesthetics of humanlike robot.* Proefschrift, University of Texas, Dallas, mei 2006.

Hanson, D. 'Robotic Biomimesis of Intelligent Mobility, Manipulation and Expression.' Hoofdstuk 6 in [Bar-Cohen, 2005], 177-200.

Harris, G. 'To Be Almost Human Or Not To Be, That Is The Question.' *Engineering* hoofdartikel (februari 2007): 37-38.

HOOFDSTUK 2
MENSACHTIGE ROBOTS VERVOLG

Hecht-Nielsen, R. 'Mechanization of Cognition.' Hoofdstuk 3 in [Bar-Cohen, 2005], 57-128.

Hughes, H. C. *Sensory Exotica a World Beyond Human Experience.* Cambridge, MA: MIT Press, 1999, 1-359.

Kerman, J.B. *Retrofitting Blade Runner: Issues in Ridley Scott's Blade Runner and Philip K. Dick's Do Androids Dream of Electric Sheep?* Bowling Green, OH: Bowling Green State University Popular Press, 1991.

Kurzweil, R. *The Age of Spiritual Machines: When Computers Exceed Human Intelligence.* New York: Penguin Press, 1999.

Lipson, H. 'Evolutionary Robotics and Open-Ended Design Automation.' Hoofdstuk 4 in [Bar-Cohen, 2005], 129-155.

McCartney, S. *ENIAC: The Triumphs and Tragedies of the World's First Computer.* New York: Walker & Company, 1999.

Menzel, P. en F. D'Aluisio. *Robo sapiens: Evolution of a New Species.* Cambridge, MA: MIT Press, 2000, 240 p.

Mori, M. 'The Uncanny Valley.' *Energy*, 7 (4), (1970): 33-35. (Uit het Japans in het Engels vertaald door K.F. MacDorman en T. Minato.)

Perkowitz, S. *Digital People: From Bionic Humans to Androids.* Washington, D.C.: Joseph Henry Press, 2004.

Plantec, P.M. en R. Kurzweil (voorwoord). *Virtual Humans: A Build-It-Yourself Kit, Complete With Software and Step-By-Step Instructions.* AMACOM/American Management Association, 2003.

Raibert, M. *Legged Robots that Balance.* Cambridge, MA: MIT Press, 1986.

Rosheim, M. *Robot Evolution: The Development of Anthrobotics.* Hoboken, NJ: Wiley, 1994.

Rosheim, M. 'Leonardo's Lost Robot.' *Journal of Leonardo Studies & Bibliography of Vinciana* vol. IX, Accademia Leonardi Vinci (september 1996): 99-110.

Russell, S.J. en P. Norvig. *Artificial Intelligence: A Modern Approach*, 2e druk. Upper Saddle River, NJ: Prentice Hall, 2003.

Shelde, P. *Androids, Humanoids, and Other Science Fiction Monsters: Science and Soul in Science Fiction Films.* New York, NY: New York University Press, 1993.

Shelley, M. *Frankenstein.* London: Lackington, Hughes, Harding, Mavor & Jones, 1818.

Turing, A.M. 'Computing machinery and intelligence.' *Mind* 59 (1950), 433-460.

Vincent, J.F.V. 'Stealing ideas from nature.' *Deployable Structures* S. Pellegrino (uitg.), Wenen: Springer, 2005, 51-58.

HOOFDSTUK 3
ONDERWATERBIOAKOESTIEK

Akamatsu, T., D. Wang, K. Wang en Y. Naito. 'Biosonar behaviour of free-ranging porpoises.' *Proc. R. Soc. Lond.* B 272 (2005): 797-801.

Au, W.W.L. *The sonar of dolphins.* New York: Springer-Verlag, 1993.

Au, W.W.L. en M.C. Hastings. *Principles of Marine Bioacoustics.* New York: Springer, 2008.

Au, W.W.L., A.N. Popper en R.R. Fay. *Hearing by Whales and Dolphins.* Springer Handbook of Auditory Research. New York: Springer, 2000.

Au, W.W.L. en K.J. Benoit-Bird. 'Broadband backscatter from individual Hawaiian mesopelagic boundary community animals with implications for spinner dolphin foraging.' *J. Acoust. Soc. Am.* 123 (2008): 2884-2894.

Harley, H.E., E.A. Putman en H.L. Roitblat. 'Bottlenose dolphins perceive object features through echolocation.' *Nature* 424 (2003): 667-669.

Jones, B.A., T.K. Stanton, A.C. Lavery, M.P. Johnson, P.T. Madsen en P.L. Tyack. 'Classification of broadband echoes from prey of a foraging Blainville's beaked whale.' *J. Acoust. Soc. Am.* 123 (2008): 1753-1762.

Matsuo, I., T. Imaizumi, T. Akamatsu, M. Furusawa en Y. Nishimori. 'Analysis of the temporal structure of fish echoes using the dolphin broadband sonar signal.' *J. Acoust. Soc. Am.* 126 (2009): 444-450.

Mitson, R.B. *Fisheries Sonar.* Farnham, Surrey, GB: Fishing News Books Ltd., 1984.

Reeder, D.B., J.M. Jech en T.K. Stanton. 'Broadband acoustic backscatter and high-resolution morphology of fish: Measurement and modeling.' *J. Acoust. Soc. Am.* 116 (2004): 747-761.

SIMRAD (multibeam echosounder). http://www.simrad.com.

Sound Metrics Corp. (DIDSON) http://www.soundmetrics.com/index.html

Thomas, J., C. Moss en M. Vater. *Echolocation in bats and dolphins.* Chicago: University of Chicago Press, 2004.

Urick, R.J. *Principles of Underwater Sound,* 3e druk. Los Altos Hills, CA: Peninsula Publishing, 1996.

HOOFDSTUK 4
COÖPERATIEF GEDRAG

Feder, T. 'Statistical physics is for the birds.' *Physics Today* (American Institute of Physics) (oktober 2007): 28-30.

Feng, Z., R. Stansbridge, D. White, A. Wood en R. Allen. 'Subzero III – a low-cost underwater flight vehicle.' *Proceedings of the 1st IFAC Workshop on Guidance and Control of Underwater Vehicles.* (9-11 april 2003): 215-219.

Hargreaves, B. 'Guided by nature.' *Professional Engineering* (Institution of Mechanical Engineers) 11 (maart 2009): 29-31.

Hölldobler, B. en E.O. Wilson. *The Superorganism.* New York/London: W.W. Norton & Co., 2009.

Hou, Y. en R. Allen. 'Intelligent behaviour-based team UUVs cooperation and navigation in a water flow environment.' *Ocean Engineering* 35 (2008): 400-416.

Hou, Y. en R. Allen. 'Behaviour-based circle formation control simulation for cooperative UUVs.' *Proceedings of the IFAC Workshop NGCUV 2008 Navigation, Guidance and Control of Underwater Vehicles.* (6-10 april 2008): paper nr. 32, 6 p.

Nakrani, S. en C. Tovey. 'From honeybees to internet servers: biomimicry for distributed management of internet hosting centres.' *Bioinspiration & Biomimetics* 2 (2007): S182-S197.

Olariu, S. en A.Y. Zomaya (red.). *Handbook of Bioinspired algorithms and applications.* London/New York: Chapman & Hall/CRC, 2006.

Pham, D.T., A. Ghanbarzadeh, E. Koc, S. Otri, S. Rahim en M. Zaidi. 'The bees algorithm – a novel tool for complex optimisation problems.' *Proceedings of the Innovative Production Machines & Systems* (3-14 juli 2006): 6 p.

Reynolds, C. http:www.red3d.com/cwr/boids/

Reynolds, C.W. 'Flocks, herds, and schools: A distributed behavioral model.' *Computer Graphics* 21 (4) (SIGGRAPH '87 Conference Proceedings) (1987): 25-34.

Shao, C. en D. Hristu-Varsakelis. 'Cooperative optimal control: broadening the reach of bio-inspiration.' *Bioinspiration & Biomimetics* 1 (2006): 1-11.

Tautz, J. *The Buzz about Bees.* Berlin/Heidelberg: Springer-Verlag, 2008.

Vogel, S. Hoofdstuk 5 in dit boek.

HOOFDSTUK 5
WARMTE EN VLOEISTOFFEN VERPLAATSEN

Schmidt-Nielsen, K. *How Animals Work.* Cambridge, GB: Cambridge University Press, 1972.

Schmidt-Nielsen, K. *Animal Physiology*, 5e druk. Cambridge, GB: Cambridge University Press, 1997.

Turner, J.S. *The Extended Organism.* Cambridge, MA: Harvard University Press, 2000.

Vogel, S. *Cats' Paws and Catapults.* New York: W.W. Norton, 1998.

Vogel, S. *Glimpses of Creatures in Their Physical Worlds.* Princeton, NJ: Princeton University Press, 2009.

HOOFDSTUK 6
NIEUWE MATERIALEN

Altshuller, G. *The Innovation Algorithm, TRIZ, Systematic Innovation and Technical Creativity*. Worcester, Mass.: Technical Innovation Center Inc., 1999.

Ashby, M.F. *Materials Selection in Mechanical Design*, 3e druk. Oxford: Elsevier, 1992.

Ashby, M.F. en Y.J.M. Brechet. 'Designing hybrid materials.' *Acta Materialia* 51 (2003): 5801-5821.

Barthlott, W. en C. Neinhuis.' Purity of the sacred lotus, or escape from contamination in biological surfaces.' *Planta* 202 (1997): 1-8.

Brett, C.T. en K.W. Waldron. *Physiology and Biochemistry of Plant Cell Walls*. London: Chapman & Hall, 1966.

Gordon, J.E. *The New Science of Strong Materials, or Why You Don't Fall Through The Floor*. Harmondsworth: Penguin, 1976.

Lakes, R.S. 'Materials with structural hierarchy.' *Nature* 361 (1993): 511-515.

Mann, S. *Biomimetic Materials Chemistry*: Hoboken, NJ: Wiley-VCH, 1996.

Mattheck, C. *Design in Nature: Learning from Trees*. Heidelberg: Springer, 1998.

McMahon, T.A. en J.T. Bonner. *On Size and Life*. NY: Freeman, 1983.

Neville, A.C. *Biology of Fibrous Composites; Development Beyond the Cell Membrane*. Cambridge, GB: Cambridge University Press. 1993.

Pollack, G.H. *Cells, Gels and the Engines of Life*. Seattle, WA: Ebner & Sons, 2000.

Shirtcliffe, N.J., G. McHale, M.I. Newton, C.C. Perry en F.B. Pyatt. 'Plastron properties of a superhydrophobic surface.' *Applied Physics Letters* 89 (2006): 104106-2.

Thompson, D.W. *On Growth and Form*. Cambridge, GB: Cambridge University Press, 1959.

Vincent, J. F. V. *Structural Biomaterials*. Princeton: Princeton University Press. 1990.

Vincent, J.F.V. 'Survival of the Cheapest.' *Materials Today* (2002): 28-41.

Vincent, J.F.V., O.A. Bogatyreva, N.R. Bogatyrev, A. Bowyer en A.K. Pahl. 'Biomimetics – Its Practice and Theory.' *Journal of the Royal Society Interface* 3 (2006): 471-482.

Vincent, J.F.V. en U.G.K. Wegst. 'Design and Mechanical Properties of Insect Cuticle.' *Arthropod Structure and Development* 33 (2004): 187-199.

Wainwright, S.A., W.D. Biggs, J.D. Currey en J.M. Gosline. *The Mechanical Design of Organisms*. Londen: Arnold, 1976

Register

A
abalone 40-41, 117
ABLE-project 152
ademhaling
  plastron 161
  warmtebehoud 128-129
Aguçadoura-golfboerderij 27
airconditioning 118-119, 171
  passieve 108
Akamatsu, Tom 19
akoestiek 9-10
  beeldvorming 81
  onderwater- 66-87
algen 141
Allen, Robert 19
Altshuller, Genrich 166
aminozuren 136-137, 157
analoog redeneren 30
antithese 167, 168, 169
apatiet 150, 154, 155
aragoniet 40, 148, 149
armen, robot- 54-55, 57
armworstelende robot, uitdaging 58-59
Ashby, Mike 134
Asimov, Isaac 54, 55
auto's 122
  geluid 68-69
  geparkeerde 121
  luchtinlaat 117
  verkoelende ventilatoren 116
autonome
  onderwatervoertuigen (AUV's) 12, 20, 35
  op poten (ALUV's) 29
Autosub 93

B
baardwalvissen 73, 79, 117
bacteriën, biofilmvorming 38-39
bandfilter 76
Bar-Cohen, Yoseph 19
barsten
  bot 151, 154, 155
  hiërarchie 153, 154-155
  microbarsten 151
benzeenring 147
Bernard, Claude 127
bescherming, hard en zacht 42-43
besturingsschema's 19
  decentralisatie 109
  mariene biologie 28-29
  optimale 107
  verspreide 90, 107, 109
bijen 90, 98-101
  besluitvorming op basis van consensus 20, 109
  foeragerende 103-104, 106-107
  ventilatie 131
Bijenalgoritme 106-107
bijenkoninginnen 98, 99, 100-101
binauraal horen 82
bioakoestiek, onderwater- 66-87
bio-echopeiling zie echopeiling
biofilmvorming 38-39
biokristallisatie 41
biolens 41
biomineralisatie 148
BioTRIZ 169-170
bladeren
  lotus 15, 160-161
  vrije convectie 119, 121
blauwvintonijn 24, 25, 75

Boids 96-97
boren 30
borstelharen 34
borstelwormen 30
bot 150-151
  breuken 151, 154, 155
breedbandsonar 86-87
breuken 164
  bot 151
  hiërarchie 153, 154-155
bruinvissen 70, 71, 73, 78, 84-85
buizen 143, 145

C
cactussen 119
calciet 32, 41, 149
calciumcarbonaat 40, 148, 149
calciumfosfaat 150
camera's 84
camouflage 33
campaniform sensillum 169
Ĉapek, Karel 48
Cardboard to Caviar-project 152
cavitatie 131
cellulose 42-43, 138-139, 142, 143, 147
centrale patroongeneratoren 24, 29
centrifugaalpompen 131
Chinese rivierdolfijn 70
chirurgie, robot- 63
chitine 28, 34, 37, 135, 138, 169
Chroino 53
chromatoforen 33
ciliaire pompen 131
collageen 42, 136, 137, 139, 143, 144, 145, 159
  bot 150-151, 154, 155

compartimenten, vorming 159
composieten, stijfheid 146-147, 155
composteren 152
compressie 135, 142-143
consensus besluitvorming op basis van 109
constitutieve vergelijking 145
conversatie, robot- 62, 64
coöperatief gedrag 88-109
coöperatieve
  besturingsschema's 19
Craig, Salmaan 170
Crystal Palace 165
cupula 34-35
cuticula 135, 138, 144, 146, 148, 168-169

D
darren 100-101
decapoden 38
Deeltjeszwermoptimalisatie 106
Defense Advanced Research Projects Agency (DARPA) 54
dehydratie 146-147
Denny's paradox 24
Desaguliers, John Theophilus 120
Descartes, René 152
diatomeeën 39, 41
DIDSON-camera 81, 82
doelkracht 77
dolfijnen 12, 127
  echopeiling 9, 16, 19, 70-71, 73-75, 78-87
  echopeilingsimulator 87
  reiniging 38

REGISTER

dolomiet 149
DOPA 37
dopamine 39
dopplerverschuivingen 85
draadloze netwerken 105
draagvlakken 10
dubbele ventilatie 118
dubbelwerkende ventilatoren 117
dunne films 141
dwaze verhalen 165
dynamische druk 114-115, 117

E

echolocatie 9-10, 16, 80-81, 87
    zie ook dolfijnen, echopeiling
echopeiling 9, 16, 19, 70-71, 73-75, 76-77, 78-87
eenrichtingsstromen 114-115
Eiffeltoren 163, 165
eigenschappen, kaarten van 134
eindige-elementenmodellen 145
eiwitten 136-137, 144, 146
    aminozuren 136-137, 157
    recycling 152-153
elastine 137, 144
elektroactieve polymeren (EAP) 46, 58-59
elektroden, revalidatietherapie 16
emergentie 98
empodium, vlieg 37
epichlorohydrine 43
ethiek, robot- 65
evolutie
    bijen 98
    robots 65
exoskelet 146
expressie van robot 56, 57

F

feromonen
    bijen 98, 100, 101
    mieren 103
filteren, voedsel 116
Finisterre 161
flapperende bladen 25

vlucht 10-11
voortstuwing 10-11
FlatMesh 105
foerageren, sociale insecten 102-104, 106-107
fotolithografie 158
fotonische technologie 32-33
fotoreceptoren 32-33
Frankenstein 48
frequentiepulsen 76, 77
Frubber 56, 59

G

ganzen 92
garnalen 72, 87
gazellen 127
geassisteerde zelfassemblage 159
gebouwen 162-163
    airconditioning 108, 118-119, 171
    BioTRIZ 170-171
    warmte 170-171
gekkel 137
gekko's 14-15, 36, 37, 158
gels 140
geluid
    auto's 68-69
    echopeilers 76-77
    echopeiling 87
    luchtvaartuig 109
    onder water 72-73
    onderwaterbioakoestiek 66-87
genetisch algoritme 51, 107
gerichte probleemoplossing 166-169
geur
    pluimen 35
    waarneming onder water 35
geweibot 151, 155
gewervelden, keramische materialen 150-151
gewrichten, smering 141
gezicht
    ogen 32-33, 82-83
    robots 57
gezond verstand 50-51
glasvezel 139, 147
glycine 136

golem 48
golfenergie 27
'grasmaaier'-patroon 95
grasvezels 157
Gray's paradox 24, 25
grenslaag 113

H

haaien 38
Haldane, J.S. 127
Hanson, David 56, 59
Hegel, Georg Wilhelm Friedrich 167
helices 144
hersenen, robot- 56
heterogeniteit, hiërarchie 156
hiërarchie
    grotere dingen 156-157
    kleine dingen 154-155
    materialen en structuren 153
    structuur 162-163
hijgen 129
hoepelvormige stress 142
homeostase 109
honden 129
honingraat, hiërarchische 157
Hooke, Robert 145
houding, instelling 121
hout 135, 147, 156-157
huid 21, 144-145
    biomimetica 160-161
    robots 56, 57, 59
humanoïde robots 19, 46-47, 53
hyaluronzuur 141
hydrofiele aminozuren 136
hydrofiele oppervlakken 140-141
hydrofobe aminozuren 136
hydroxyapatiet 150, 154, 155

I

iglo's 144
ijsberen 165
ijzer 156
implantaat 43
infrarode straling 122, 123
inktvis 33
insecten

cuticula 135, 138, 144, 146, 148, 168-169
gras 157
plastron 161
sociale 20, 90, 98-103
TRIZ, analyse 168-169
    zie ook bijen; mieren; termieten
internetserversystemen 104
Inventieve Principes 166-167, 168
inwendige structuren, echo's 83
iridoforen 33
isolatie 120, 170

J

Jaquet-Dross, Pierre 49
jaranga's 114
joerten 114

K

kamelen 124
kammossel 117
kangoeroes 128
kelp 38-39
keramische materialen 134, 135, 153, 155, 162
    barsten 154
    gewervelden 150-151
    ongewervelden 148-149
keratinen 36, 43, 136-137, 144
kippenembryo's 158-159
klep-en-kamerpompen 131
kleppen 129, 130
kleur 162
    inktvis 33
    ogen 82
    zonne-input 122-123
klevende haren 158
koffervis-conceptauto 26, 163
kogelwerende vesten 43
kokervoeding 115
koralen 38-39, 40
kraakbeen 135, 138, 139, 141
krabben 35
kracht
    hiërarchie 156-157
    materialen 134, 135, 137

versus gewicht, probleem 163
krijt 148-149
kunstmatige intelligentie 50, 51, 60-61
kunstmatige spieren 57, 58-59
  zie ook elektroactieve polymeren (EAP)
kunststoffen 135
kwal 24-25, 26, 29
kwispeldans 103, 104

L
Lakes, Roderic 157
lamprei 24, 29
Langer, Karl 144
lavvu's 114
Leonardo da Vinci 48-49
leukoforen 33
lianen 157
licht
  mariene biologie 32-33
  onder water 71
  vangen 41
ligamentum nuchae 137
lignine 139, 147
loopstoelen 59
lopen 12-14
  gekko's 14-15
  robots 53
lotusbladeren 15, 160-161
lucht, beweging 112-114, 116-117
luchtpompen 131
luchtvaartuig, dynamische druk 117

M
maden 142
magnesiumcarbonaat 149
manteldiertjes 116
mariene biologie 22-43, 66-87
materialen
  nieuwe 132-171
  zuinig omgaan 21
mechanoreceptoren 20
medische robots 63
meertraps ventilatoren 131
meloenorgaan 73
mensachtige robots 44-65

Messerschmith, Phillip 37
microbarsten 151
micro-elektronische apparaten 158-159
mieren 90, 98, 106
  besluitvorming 102-103
  optimale besturing 107
Mierkolonieoptimalisatie 106
militaire robots 54, 65
mineralisatie, bot 150, 151
misleidende signalen 38-39
monocoque-frame 53
Mori, Masahiro 47
mosselen 37, 39, 137, 147, 159
multidirectionele stroom 116-117

N
nachtvlinder, pop 159
nanodeeltjes 155
nanopatronen 37, 41
Nattheck, Claus 163
netwerken 105
neuromast 34
niet-roterende voortstuwingssystemen 12

O
ogen 32-33, 82-83
O'Leary, Emma-Jane 151
onbemande onderwatervoertuigen (UUV's) 93, 94, 97, 107
onderwater
  bioakoestiek 66-87
  mariene biologie 22-43, 66-87
  onderzoek 93-95, 97
  voortstuwingssystemen 12, 15-16
opaal 148
opgezwollenheid 142-143
opperhuid 144
  zie ook huid
oppervlakken
  adhesie 14-15, 36-37, 39, 158
  reiniging 15, 38-39, 113, 160, 161, 164-165

optimalisatiealgoritmen 103, 106-107
oren 73, 74, 80, 82-83
osmotische pompen 130
otters 161

P
paarlemoer 148-149
palingen 26-27
Paxton, Joseph 165
pectine 139
Pelamis-golfomzetter 27
peristaltische perspompen 130, 131
Perzische slaapboom 121
piëzo-elektrische polymere omzetter 26-27
pijlinktvis 87
planten
  bladeren 15, 119, 121, 160-161
  cellulose 42-43, 138-139, 142, 143, 147
  opgezwollenheid 142-143
  vezels 163
  warmteopslag 124-125
plastron 161
Podkolinski, Tom 161
Pollack, Gerry 140
poly(dimethyl-siloxaan) (PDMS) 37
polymere borstel 141
polymeren 134, 135
polysachariden 138-139, 141, 144
pompen, ventilatie 129, 130-131
pop 159
prairiemarmotten 113
Preston, R.D. 138
proline 136
prothetische geneeskunde 59

R
R100 luchtschip 162
recycling 21, 152-153
rennen, longpompen 128
rete mirabile 127
revalidatietherapie 16
Reynolds, Craig, 96

Robocane 10
Robonaut 63
robotkwallen 24, 26, 29
robotlamprei 24, 29
robots 19
  centrale patroongeneratoren 24
  mariene biologie 24, 25, 26, 28, 29
  mensachtige 44-65
  optimale besturing 107
  samenwerking 91
  wervelingen 24-25
robotslak 24, 28, 29
robottonijn 24, 25, 29
robotwaterwantsen 24, 26
robotzeekreeft 24, 28, 29
roeipootkreeften 34
rotsplanten 124-125
routingproblemen 103
ruimtelijke resolutie, biosonar 79
ruimtevullende structuren 139
Rumsfeld, Donald 167

S
schaatsenrijders 161
schaduwen 121
schapen 127
schoepventilatoren 131
Scholander, Per 127
schoorstenen 113, 114, 119
schroeven 25
Scientific Fishery Systems 86-87
SciFish 86-87
setae 36-37
Shelley, Mary 48
Shu, Lily 164
silica 41, 148
SIMRAD 86
slakken
  keramische materialen 148-149
  robotslak 24, 28, 29
slangsterren 32, 41
sleutelbegrippen, biologische 164-165
slijmprik 43

smeermiddelen 141
snelheidsgradiënt 113
sociale insecten 20, 90, 98-103
    foeragerende 102-104,
        106-107
    zie ook bijen; mieren;
        termieten
socio-economisch
    kuddegedrag 97
speeksel 146-147
sponzen 116, 117
spreeuwen, zwermen 92
stabiliteit 40-41
    auto's 26
    robots 55, 57
standaardisatie,
    robotonderdelen 64
StarFlag, samenwerking 97
stijfheid 155
    composieten 146-147, 155
    geweibot 151
    hiërarchie 153
    materialen 134, 135, 136,
        137
stratum corneum 144
stroom
    eenrichtings- 114-115
    multidirectionele 116-117
    opwekkers 131
    tegenstroomwisselaars
        126-127
stroomdetectie 34-35
stuwstraalmotor 117
Subzero 94, 97
suikers, structurele 138-139
superhydrofobiciteit 160-161

T
taaiheid 155, 164
Takahashi, Tomotaka 53
technologieoverdracht 164-165
tegenstroomwisselaars 126-127
telepresentie 63
termieten 108-109, 114, 119, 120
Theorie van Inventieve
    Probleemoplossing (TRIZ)
        166-170
thermisch geluid 72
thermische opwaartse druk
    118, 119

thermoregulering 120-121
    door gedrag 121
thermosifon 120-121
these 167, 168, 169
tipi's 114
tonijn 24, 25, 29, 75, 115
touw 15
transpiratie 129
TRIZ 166-170
Turing, Alan 50
tussenliggende vezels (IF's) 43

U
uitsluitingszones 141
ultrasone beeldvorming 81
ultrasoon 70, 74-75, 76-77,
    78-79, 84-87
    zie ook echopeiling
uncanny valley-theorie 47
Urry, Dan 137

V
vanderwaalskrachten 36
Vaucanson, Jacques de 49
ventilatie 112, 114, 118-119
    pompen 130-131
    termieten 108
    thermosifon 120-121
    zuigerventilatie 129
verdampingspompen 130, 131
veren 6, 11
vergeetfactor 103
verspreide besturing 90, 107,
    109
verspreide intelligentie 98-99
verspreide waarneming en
    toezicht 20, 35, 64, 99, 105
verwarmingssystemen 125
Victoria amazonica 165
Vincent, Julian 21
vissen
    echopeilers 76-77
    recycling 152
    scholen 19, 20, 92, 96, 97
    slijmprik 43
    tonijn 24, 25, 29, 75
    waterbeweging 112
    zijlijn 20, 34-35
    zwemblaas 75, 83
vleermuizen 9, 10, 85, 96

vliegen, kleven 37
vloeistofdynamische pompen
    130-131
vloeistoffen
    verplaatsen 110-131
    zie ook water
vlucht 10-11, 117, 151, 163
Vogel, Steven 20
vogels
    ademhaling 117, 128, 129,
        130
    bot 151
    eieren 123
    keratinen 136-137
    kippenembryo's 158-159
    rete mirabile 127
    vlucht 10-11, 117, 151, 163
    warmtebehoud 20-21, 127
    zwermen 19, 92. 96, 97
voortstuwing onder water
    24-25
vrije convectie 1190, 121
vuilafstotende coatings 15
vuurvliegen 105

W
warmte
    ademhaling 128-129
    behoud 126-127
    bewegen 110-131
    gebouwen 170-171
    opslag 124-125, 170
    wisselaars 126-127
    zonne- 120-123, 125
water 140
    ademen 129
    beweging 112-114
    biologische materialen
        134-135
    kamelen 124
    stijfheid uit 142-143
    stijve composieten 146
    uitsluitingszones 141
    verlies 112
waterafstotende oppervlakken
    161
waterwantsen 24, 25, 26
weefsels 123, 145
werksters 99-101
wervelingen 15-16, 24-25, 26-27

windboerderijen 105
windconcentrators 118
windturbines 118
wormen 30, 131, 142, 143, 145,
    152
wortels 15
wrijving 141

Y
Yen, Jeannette 15

Z
zanddollars 116
zee-egels 149
zeehonden 161
zeekomkommer 16, 42-43
zeekreeft 24, 28, 29, 32-33
zeeslakken 114
zelfbehoud, robots 61
Zeno 52, 54
zenuwstelsels, insecten 13-14
Zeroth, wet van 55
zijde 135, 137
zintuigen, robots 55, 57
zonnewarmte 120-123, 125
zwaardschede 31
zwemblaas 75, 83
zwemmen 12, 15-16, 117
zwermintelligentie 99

Dankbetuiging

DANKBETUIGING VAN DE AUTEURS

HOOFDSTUK 1, Mariene biologie, *Jeannette Yen:*
Dank aan Frank Fish dat hij me de gelegenheid heeft gegeven een bijdrage aan dit boek te leveren. Marc Weissburg en Michael Helms gaven me tijdens het schrijven opbouwende kritiek en moedigden me voortdurend aan. Ik wil ook Lorraine Turner danken voor haar eindeloze geduld en plezierige steun. Dit materiaal is gebaseerd op werk dat gedeeltelijk wordt gesteund door de National Science Foundation onder Grant No. 0737041, getiteld 'Biologisch geïnspireerd ontwerp: een nieuwe interdisciplinaire biologisch-technische studierichting', die me biologisch geïnspireerd ontwerp liet doceren aan interdisciplinaire groepen creatieve en innovatieve studenten aan Georgia Tech. De verbazing en nieuwsgierigheid van de studenten hielpen me de beste voorbeelden voor dit hoofdstuk te selecteren.

HOOFDSTUK 2, Mensachtige robots, *Yoseph Bar-Cohen:*
Yoseph Bar-Cohen wil zijn dank uitspreken voor het feit dat een deel van het beschreven onderzoek is verricht aan het Jet Propulsion Laboratory (JPL), California Institute of Technology, onder een contract met NASA (National Aeronautics and Space Administration).

HOOFDSTUK 3, Onderwaterbioakoestiek,
Tomonari Akamatsu:
Tomonari Akamatsu wil zijn dank uitspreken voor de assistentie van het Research and Development Program for New Bioindustry Initiatives of Japan.

HOOFDSTUK 4, Coöperatief gedrag, *Robert Allen:*
Robert Allen dankt diverse fondsen en vooral het EPSRC voor hun steun van dit werk, en de vele doctoraal studenten, postdoctorale onderzoeksassistenten en academische collega's aan het ISVR, University of Southampton, GB.

HOOFDSTUK 6, Nieuwe materialen en natuurlijk ontwerp, *Julian Vincent:*
Naast de gebruikelijke dank aan mijn vrouw en collega's verdient Jim Gordon een speciale vermelding als ongeremd en breed denker die me liet zien dat je geen wiskunde nodig hebt om technicus of ontwerper te zijn. Voor mij, bioloog, was dit een moment van bevrijding.

ILLUSTRATIEVERANTWOORDING

De uitgever wil de volgende personen en instanties danken voor hun toestemming de illustraties in dit boek te reproduceren. We hebben ons uiterste best gedaan om de illustraties en de copyrighthouders te noemen; we bieden onze verontschuldigingen aan als er onbedoelde fouten of omissies zijn gemaakt.

Tomonari Akamatsu: 86, 184.
Alamy/The Print Collector: 61b; The Art Archive: 167r.
Robert Allen: 185.
The Altshuller Institute for TRIZ Studies: 166.
Martin Ansell: 156b.
Yoseph Bar-Cohen: 46, 51r, 53o, 53b, 56, 59b, 184.
D.J.M. Bevan: 40m.
Bridgeman Art Library/Pinacoteca Capitolina: 48.
Corbis/Manfred Danegger: 7; Lawson Wood: 29o; Steven Kazlowski/Science Faction: 34b; Gilles Podevins: 34o; Mosab Omar: 47b; Bettmann: 49l, 162m; BBC: 49r; Issei Kato: 55l; Car Culture: 62l; Jochen Leubke: 62r; Michael Caronna: 63; Lester Lefkowitz: 83o; Andrew Parkinson: 92b; Christian Hager: 101; Keren Su: 102o; Don Mason: 130b, 130o, 131bm; Jeffery L. Rotman: 149b; Jason Stang: 151; Ralph White: 153b.
Daimler AG: 162lo, 162mo, 162ro, 163lo, 163ro.
Fotolia: 95r, 99l, 170; Kristian Sekulic: 21; TK Video: 28o; Ian Holland: 31o; Petrafler: 61o; Andrea Zabiello: 90b; Jake Borowski: 99r; Marko Becker: 165mb.
Furuno Electric Co. Ltd.: 71o.
Getty Images/Georgina Douwma: 33; Yoshikazu Tsuno: 60o; Alexander Safonov: 79.
David Hanson: 52.
John Huisman/Murdoch University: 39lb.
Iberdrola Renovables: 27.
iStockphoto: voorplat rb, achterplat, 84, 99r, 131rb, 139, 148r; Alexander Potapov: 6; Jamie Carroll: 14l; Jonas Kunzendorf: 20; John M. Chase: 35l; Oliver Anlauf: 40r; Martin Hendriks: 41o; Ivonne Strobel: 42l; Rudi Tapper: 42r; Dejan Sarman: 70; Ju Lee: 78r; Gerald Ulder: 87; James Figlar: 100b; Matthew Scherf: 109; Hung Meng Tan; Chanyut Sribua-rawd: 112; Mark Lundborg: 113o; Frank van de Berg: 116; Sean Randall: 119rb; Jane Norton: 124l; Serghei Velusceac: 128; ValeriyKrisanov: 136o; Juan Moyano: 141o; Arnaud Weisser: 143o; Terrain Scan: 144o; Bettina Ritter: 157b; Lobke Peers: 159mr; Alexei Zaycev: 160b.
J. Bionic Engineering: 171b.
A.P. Jackson/J.F.V. Vincent/R.M. Turner: 148l.
Nick Jewell: 32l.
MIT/Donna Coveney: 31b.
Naoto Honda/Fishing Gear and Method Laboratory/ National Research Institute of Fisheries Engineering/ Fisheries Research Agency: 80l, 80r.
NASA: 91.
Nature Picture Library/Kim Taylor: 8, 9, 10b, 11, 41b; Doug Allan: 13; Ingo Arndt: 18.
Christopher Neinhuis: 160ro.
Richard Palmer/George Lauder: 25; Mashahiro Mori: 47b; Tomonari Akamatsu: 83b, 85rb, 85mr, 85ro, 85l; Steven Vogel: 113b, 117b, 118, 123, 125l, 127; Julian Vincent: 168.
Photolibrary/Nick Gordon: 71b; Reinhard Dirscherl: 72.
Photos.com: 10o, 17, 24, 26, 32r, 38, 39ro, 54, 60b, 65b, 65o, 68, 69b, 69m, 69o, 75, 77, 78l, 81l, 81r, 82, 92o, 104, 106, 107, 114, 115l, 115r, 117o, 119ml, 119lb, 119mr, 120, 121, 122, 125r, 126, 129, 130o, 131lb, 134b, 137l, 137r, 138b, 140, 142o, 144b, 146, 150o, 154b, 157o, 159lo, 165lb.
Scala Archives/Johann Jakob Schlesinger: 167l.
Science Photo Library: 39ml, 50; dr. Jeremy Burgess: voorplat lb, 37r; Davis Scharf: 30; Andrew Syred: 36r, 37l; Tom Mchugh: 43; Dan Sams: 36l; Victor Habbick Visions: 59o; David Vaughan: 93; Pascal Goetgheluck: 108; Lena Untidt/Bonnier Publications: 103; Sinclair Stammers: 100o; Vaughan Fleming: 124r; Eye of Science: voorplat lo, ro, 14r, 159ml; dr. Keith Wheeler: 159rb.
StoLotusan®: 160lo, 161o.
Topfoto/Topham Picturepoint: 55r.
University of Leicester: 32r.
Julian Vincent: 142b, 152, 163, 169l, 169r, 171o, 185.
Steven Vogel: 185.
Michael Watkins: 150, 154l, 154r.
Jeannette Yen: 184.